听专家田间讲课

核 桃
高效生产技术十二讲

吴国良　张鹏飞　王　磊　孟海军　编著

U0256361

中国农业出版社
北　京

出版说明

CHUBANSHUOMING

保障国家粮食安全和实现农业现代化，最终还是要靠农民掌握科学技术的能力和水平。为了提高我国农民的科技水平和生产技能，向农民讲解最基本、最实用、最可操作、最适合农民文化程度、最易于农民掌握的种植业科学知识和技术方法，解决农民在生产中遇到的技术难题，中国农业出版社编辑出版了这套"听专家田间讲课"丛书。

把课堂从教室搬到田间，不是我们的最终目的，我们只是想架起专家与农民之间知识和技术传播的桥梁；也许明天会有越来越多的我们的读者走进校园，在教室里聆听教授讲课，接受更系统、更专业的农业生产知识与技术，但是"田间课堂"所讲授的内容，可能会给读者留下些许有用的启示。因为，她更像是一张张贴在村口和地头的明白纸，让你一看就懂，一学就会。

本套丛书选取粮食作物、经济作物、蔬菜和果树等作物种类，一本书讲解一种作物或一种技能。作者站在生产者的角度，结合自己教学、培训和技术推广的实践经验，一方面针对农业生产的现实意义介绍高产栽培方法和标准化生产技术；另一方面考虑到农民种田收入不高的实际问题，提出提高生产效益的有效方法。同时，为了便于读者阅读和掌握书中讲解的内容，我们采取了两种出版形式，一种是图文对照的彩图版图书，另一种是以文字为主、插图为辅的袖珍版口袋书，力求满足从事农业生产和一线技术推广的广大从业者多方面的需求。

期待更多的农民朋友走进我们的田间课堂。

2016 年 6 月

目录
MU LU

出版说明

第一讲
核桃产业概况

一、核桃的栽培历史和现状

(一) 核桃的起源和分布

核桃为落叶大乔木，原产于亚洲腹地的古波斯即今伊朗一带。我国考古学家在河北武安磁山村发现了原始社会遗址（新石器时代）出土的文物中有炭化的核桃，在西藏聂聂雄拉湖相沉积中发现了核桃、山核桃孢粉遗存，证明我国是世界核桃的起源中心之一。据晋代《博物志》记载，核桃已有种植，证明我国的核桃栽培历史悠久。我国南北各地核桃种质资源十分丰富，据《中国果树志·核桃卷》记述，有无性系品种和优良品种 216 个，农家实生良种 164 个，优良单株系486 个。最著名的有云南大泡核桃（又名漾濞核桃）、山西汾州核桃、新疆纸皮核桃、临安山核桃等，均为我国特有的核桃资源。

核桃在全世界的分布范围主要集中于欧洲、亚洲及北美洲。欧洲栽培面积位居前三名的是法国、意大利、罗马尼亚；亚洲位居前列的是中国、土耳其；美洲则以美国栽培面积最大，且集中于西南部的加利福尼亚州。我国核桃栽培历史悠久，分布范围很广。现在我国新疆的巩留、霍城一带山区仍分布有大量的野生核桃林。我国核桃主要集中于以下 3 个地区：西北区：陕西、甘肃、青海、新疆等省、自治区；华北区：山西、河北、山东、北京等省、直辖市；西南区：包括云南、贵州、四川、西藏等省、自治区。

随着农林种植业结构的调整，我国核桃栽培逐步相对集中，形成了区域优势。这些地区栽培面积大，产量高，品质优。我国的核桃总产量位居世界第一，品质优良。我国出口的核桃及核桃仁在国际市场上很有影响力，如山西的汾州核桃是著名的地方良种。

（二）核桃的栽培现状

1. 核桃栽培面积迅速扩大，产量大幅度增

加 我国目前是世界第一大核桃生产国和重要的出口国，主要的生产省份有云南、四川、山西、甘肃、新疆和陕西等地。我国核桃栽培面积由 2002 年的约 90 万公顷大幅度增加至 2010 年的 240 万公顷，年产量从 2002 年的 34.3 万吨增加至 2010 年的 158 万吨。

2. 名优品种增多，区域化、集约化栽培成效显著 目前，我国成功培育出众多核桃新品种，如辽宁系列、香玲、晋龙 1 号、中林系列等。在栽培管理技术方面，我国广大核桃科研工作者、生产者积极开展精细管理和集约化经营，取得了显著成效。核桃生产要获得经济效益，必须进行区域化、规模化生产。近几年来，我国出现了以省、县为单位的核桃区域化生产，1999年全国共有 88 个县（市、区）被国家林业局命名为"中国名特优经济林之乡"。

3. 核桃生产已逐渐成为我国农村经济发展的一个新的增长点 核桃在我国许多地方已成为农民增收的重要来源，涌现出许多依靠发展核桃实现脱贫致富的典型县（市），核桃已成为促进我国山区经济发展的一项新型主导产业。

（三）我国核桃产业技术的发展

1. 核桃品种选育 我国核桃杂交育种始于 20 世纪 60 年代中后期，辽宁省经济林研究所、山东省果树研究所、中国农业科学研究院等科研单位以普通核桃为杂交亲本，先后培育出辽宁 1 号、中林 1 号及香玲等优良品种。

2. 繁殖技术 20 世纪 80 年代以前，我国核桃繁殖多以实生繁殖为主。由于子代变异很大，且结果迟，已不能满足生产的需要。目前，嫁接繁殖是实现良种化、早果丰产的主要手段。

根据所用接穗的不同，核桃嫁接分枝接和芽接两大类。核桃插皮舌接是目前公认的成活率最高的枝接方法，成活率一般可达 80% 以上，由此促进了高接换优在生产上的广泛应用。核桃芽接技术随着砧木早播、接穗分次多采等技术的成功运用，目前成活率达 95% 以上，极大地促进了核桃良种化发展。

3. 树体管理 核桃树形以主干疏层形或自然开心形为主，也有前两者的变形，如高干开心形。

4. 病虫害防治 已知危害核桃的害虫共有

120余种，病害30多种。从全国范围来看，不同地区病虫害种类、分布、危害程度各有不同，核桃病虫害直接影响核桃的产量和品质，已引起人们的高度重视。

二、发展核桃产业的效益

（一）经济效益

近10年来，中国核桃生产的成本、效益发生了巨大的变化，总趋势是单位面积成本逐年提高，而核桃价格和经济收益也在显著增加。就全国范围而言，核桃生产中的投入因不同园地相差悬殊。一般散生栽植、边际栽植和林粮间作的投入成本相对较低，集约化经营的核桃园投入较高。据云南试验基地连续多年调查报告，十年生美国薄壳山核桃树亩*产量可达18～40千克，以目前按美国山核桃丰产栽培技术规范每亩最少栽10株，亩产量可达180～400千克，若以最低的市场价格40元/千克估算，产值也在10 000

---

* 亩为非法定计量单位，1亩约为667米^2。——编者注

元/亩。

在当前农村经济结构调整中，林果业结构调整是一个重要内容。当前林果业生产面临的一个主要问题就是全行业性的粗放经营，产品质量差，无市场竞争力。通过核桃科技项目的实施，可以促进我国核桃主产区生产技术的提高，全面提升核桃的产量和品质，增强核桃在国际市场上的竞争能力，进而促进核桃产业的发展。

（二）生态效益

通过核桃生产项目的实施，可以大幅度增加林地面积，提高森林覆盖率；对恢复和改善项目区生态环境、水土保持、净化空气将产生积极作用。作为经济林木，核桃树枝干挺直、枝繁叶茂，具有较强的拦截烟尘、净化空气的作用，在许多地区常被作为行道树。核桃树根深叶茂，经济寿命很长，一次栽植，多年受益。由于核桃树体适应性强，在山区、河滩均可较好地生长。在我国西北黄土高原地区，梯田的埂边及缓坡地、土壤瘠薄的弃耕地上也可栽植。核桃树体高大，在黄土残垣地区，适当发展核桃生产，结合水土保持工作大力营造核桃经济林，利用核桃树庞大的树冠和广为分布的深根系，既可阻挡风雨，又可缓和地表径流，阻止土壤侵蚀，防止雨水冲刷，是美化环境、发展生态经济的上乘之选。

（三）社会效益

在我国大部分欠发达的山区，立地条件差，人口素质低，通过大力发展核桃这种适应性强的经济树种，充分发挥其经济效益，可以帮助农民脱贫致富奔小康。大力发展核桃产业对进一步推进农村产业结构调整，推动新农村建设，促进社会和谐都具有重要意义。

在各种核桃科技项目的实施过程中，通过广播、电视、报纸等媒体以及举办培训班，普及优质高效核桃生产知识，提高果农的文化科技素质，从而取得良好的社会效益。

三、 国内外核桃产业概况

（一）国内外核桃生产概况

根据联合国粮农组织数据库资料：全世界核

桃以亚洲、欧洲和北美洲栽培为主，年产量约占世界总产量的97.14%。常年核桃产量在万吨以上的国家有20个左右，包括中国、美国、土耳其、法国、希腊、伊朗、智利等国家。中国、美国的核桃产量占世界核桃总产量的77%，而最有代表性、生产水平最高、国际市场占有份额最大的当数美国，其核桃生产实现了栽培品种化、管理园区化、产收加工机械化、产供销一体化经营，从采收到加工成品出口仅15天，上市较早，因此深受消费者欢迎而占据市场优势，其中钻石牌核桃是世界上享誉最高的核桃产品。

（二）国内外核桃的贸易

据报道，鉴于人类生存环境的恶化，人们对健康与健脑食品的需求渐旺，预计核桃仁的年需求量将以5%的速度递增，我国国内消费对核桃仁的需求量也将增长10%～20%。

1. 出口规模 近年来，中国核桃坚果出口数量波动较大，1996年出口量1 650吨，1999年4 750吨，2001年1 180吨，年平均出口量基本维持在1 200～1 500吨（坚果），有些年份达到 1 万吨左右。我国核桃仁作为传统的出口商品市场在萎缩，出口量在下降，如果不解决我国核桃仁采收加工中存在的质量问题，不从根本上改变我国核桃实生栽培和粗放管理等问题，我国的核桃仁出口市场前景就不会乐观。

我国核桃主要出口到英国、日本、越南、德国、加拿大等国家。

2. 贸易结构 核桃是中国传统的出口农产品，1921 年全国核桃出口量为 6 710 吨，20 世纪 60 年代开始出口到英国和联邦德国。出口的核桃仁，由于颜色乳白、口味香甜、分级细致，在国际市场上备受青睐，曾一度和法国、意大利三足鼎立。70 年代初，美国核桃以外观整齐、品质优良而逐渐占领部分国际市场。80 年代后期由于中国核桃品质优劣混杂、大小不均等，产品质量很难与国外产品抗衡，导致出口量下降，2003 年的核桃出口量不足 1 万吨，在核桃国际市场的竞争力变弱。

进入 21 世纪以来中国核桃产业重新快速发展，2005 年中国核桃仁出口在国际市场的占有率位居第二位，仅次于美国；联合国粮农组织统计结果：2005 年中国核桃产量达 49.9 万吨，位居世界核桃产量的第一位，美国产量第二，伊朗产量第三。今后选育优良核桃品种，改善核桃品质，实现中国核桃生产的品种化、规范化、产业化、商业化成为核桃产业发展中亟须解决的问题。

四、我国核桃生产目前存在的问题及对策

（一）存在问题

1. 实生苗建园导致品种混杂，商品一致性差 有些地方忽视选择品种，植株良莠不齐，同时缺乏合理的规划设计，未能实行科学化、区域化建园，导致园址立地条件差、苗木质量差。历史上由于核桃嫁接繁殖难，人们只能以实生繁殖方式发展核桃。虽然目前核桃嫁接问题已得到彻底解决，同时育成了一批优良品种，但优良品种所占比例很小，推广新品种主要集中于早实类品种而忽视晚实类品种；生产中过去实生繁殖个体所占比例较大，导致产量低、个体之间变异较

大、商品一致性差、品种化程度低，不利于集约化管理而效益不高。

2. 管理粗放，产量低、品质差　有些地方重栽轻管，不少核桃园处于荒芜或半荒芜状态，如肥水不足，整形修剪不当，病虫害严重，未能实行集约化的精细管理。另外，一些地区栽植立地条件差，管理粗放，缺乏对核桃商品生产发展的认识，忽视树种对立地的选择，盲目栽植。当前零星分散核桃树比例过大，致使无法人工管理，病虫害蔓延，产量难以保证，更谈不上商品果生产。

还有一些地区将核桃用林木生产方式管理，不施肥灌水、不修剪、不防治病虫害，任其自然生长。对立地条件较好，按一定株行距栽植的核桃园的管理，也仅仅停留在管理间作物时顺便照顾的管理水平。

3. 市场发育不健全，产品销售渠道不畅主要原因是信息不灵、交通不便、分级包装不好以及受外贸市场的制约，在商品流通领域缺乏规范化与商品意识。果农相互之间基本不联系，未形成应有的组织形式和以利益为纽带的经济共同体，技术信息和市场信息交流的渠道不畅，使生产处于较封闭的状态，难以适应市场经济条件下商品化生产的要求。

4. 贮藏加工环节薄弱 由于部分群众受传统观念的束缚，缺乏贮藏加工条件与技术，对保鲜贮藏和加工转化增值认识不足或没有能力。我国核桃生产以农户为基本单位，而且绝大多数为兼营，单一户栽培面积很小。采后处理技术落后，没有脱皮、烘干、漂洗专用设备，如遇不良天气，还会产生霉变造成损失，果实商品质量难以保障。

5. 其他问题 缺人才、缺技术、缺资金，未能收到应有的经济效益。

（二）发展对策

核桃产业要健康发展，必须要注意产前、产中、产后 3 个环节，即产前的品种选择和基地建设，产中的技术培训、科学化管理，产后的市场开发和品牌建设。要从品种良种化、良种区域化、苗木嫁接化、管理标准化、生产规模化、营销产业化等方面着手开展工作。

1. 核桃产业的人才培养 为了全面开创 21

世纪我国核桃生产新局面，必须抓好核桃栽培、产品贮藏加工、市场营销等专门人才的培养工作，包括大学、专科学生及研究生的培养，以适应不同工作岗位对各种层次人才的需求。

2. 良种区域化、苗木嫁接化是核桃产业发展的核心 品种布局区域化就是按照品种生态型与生态条件相适应的原则布局品种，即按照各地不同的地理环境、气候特点、生产水平、经济条件、病虫害发生情况及群众的耕作习惯等方面来确定品种的引进、繁育和推广。在科学考察论证的基础上，稳妥地引进和繁育优良品种，大力发展优良品种的嫁接苗，坚决杜绝实生苗和混杂苗，为核桃产业的长远发展打好基础。

3. 管理标准化是关键 在加强对我国各地有关核桃技术人员的继续教育、终身教育和业务培训的基础上建立健全省、地、县、乡各级核桃生产技术推广服务体系，形成比较完善的技术推广网络，加快新技术推广步伐，加快科技成果转化。

我们要积极吸收和引进国外先进技术和经验，还应当在强化核桃科学研究、不断培育优质高产抗逆性强的优良新品种的同时，要大力推广普及新品种、新技术、新成果，尽快把先进实用的生产技术送到群众手中。实现管理标准化，要积极推广科学施肥、合理灌溉等新技术，达到核桃生产优质、丰产、高效的目的。

4. 生产规模化是保障 加快名特优核桃生产基地建设，没有规模就没有效益，切实搞好名特优核桃基地建设，建设一批核桃生产高新技术示范园区，通过园区的辐射带动广大农民的科学化管理。

5. 营销产业化是手段，掌握市场规律搞好商品流通，实现高效益 我国各地要及时调整核桃产业发展思路，更新观念，不断加大产业结构调整力度，大力发展名特优新品种，积极培育核桃产品加工龙头企业，坚持核桃生产、贮藏加工、流通环节一起抓，实行产业化经营，走产业化经营之路，生产出更多品质优良、包装精美的核桃产品。

总之，在核桃产业发展过程中，品种良种化是基础，良种区域化、苗木嫁接化是核心，管理标准化是关键，生产规模化是保障，营销产业化是手段，真正搞好产、供、销一条龙服务，做到栽培、加工、贮藏、营销一体化，促进我国核桃生产的全面进步，达到核桃产业高效益的目标。

第二讲
核桃主要的种和品种

一、核桃主要的种

核桃在我国有栽培价值的约有 10 种，原产我国并作为核桃育种资源的主要有普通核桃、铁核桃（又叫泡核桃）、核桃楸和河北核桃（麻核桃）。另外，山核桃属（*Carya*）的野核桃（*J. cathayensis* Dode，又叫山核桃）、长山核桃（美国山核桃）等也可作为核桃生产重要的开发资源。

二、品种类型

（一）按核桃用途分类

主要分为食用核桃（主要供人们食用）及文玩核桃。后者是对核桃进行特型、特色的选择和加工后形成的有收藏价值的类型。文玩核桃的产地和种类各异，大致分为麻核桃、楸子核桃、铁核桃三大类。

（二）按核桃种壳薄厚分类

1. 纸皮核桃类（壳厚 1.0 毫米以下） 内褶壁膜质或退化，可取整仁，出仁率 60%～65%（或以上），是仁用价值较高的核桃类型。

2. 薄壳核桃类（壳厚 1.1～1.5 毫米） 内褶壁革质或膜质，可取半仁或整仁，出仁率为 50.0%～59.9%，是当前果用商品核桃的主要类型。

3. 中壳核桃类（壳厚 1.6～2.0 毫米） 内褶壁革质或膜质，取仁较难，可取 1/4 或半仁，出仁率为 40.1%～49.9%。

4. 厚壳核桃类（壳厚在 2.1 毫米以上） 内隔壁骨质的称"夹核桃"，只能取碎仁，出仁率在 40%以下。

（三）按开始结实早晚及取仁难易分类

按结实早晚分类，可分为早实核桃（结果早）和晚实核桃（相对结果晚）两类。按取仁难易分类，有绵核桃、夹绵核桃和夹仁核桃等。

三、主要优良品种

（一）国内优良品种

1. 辽宁1号 辽宁省经济林研究所通过人工杂交培育而成。属早实核桃品种类型。坚果圆形，平均单果重9.4克。果实壳面较光滑，色浅，壳厚0.9毫米左右，可取整仁。核仁重5.6克，出仁率59.6%。侧芽形成混合芽达90%以上。该品种树势强，树姿直立或半开张，分枝力强，极丰产，每雌花序着生2～3朵雌花，坐果率60%以上，属雄先型。9月下旬坚果成熟。五年生树平均株产坚果1.5千克，最高达5.1千克，高接树四年生平均株产坚果达2.1千克。该品种适应性强，耐寒，适于北方地区栽培。

2. 辽宁5号 辽宁省经济林研究所通过杂交培育而成。属早实核桃品种类型。坚果圆形，平均单果重10.3克。壳面较光滑，色浅，壳厚1.0毫米左右，可取整仁。核仁重5.6克，出仁率54.4%。该品种树体矮化，丰产，属雌先型。9月下旬坚果成熟。五年生平均株产坚果2.0千克，最高达 5.1 千克，高接树四年生平均株产坚果达 2.1 千克。该品种适应性强，耐寒，适宜在年均温 9～16℃，冬季气温在－28℃以上，年降水量 450 毫米以上，无霜期在 145 天以上的地区栽培。

3. 辽宁 7 号 辽宁省经济林研究所通过杂交培育而成，属早实类型。坚果圆形，平均单果重 10.7 克。壳面极光滑，色浅，壳厚 0.9 毫米左右，可取整仁。核仁重 6.7 克，出仁率 62.6％。该品种连续丰产性强，属雄先型。9 月中旬坚果成熟。五年生平均株产坚果 4.7 千克。该品种适应性强，耐寒，适宜在年均温 9～16℃，冬季气温在－28℃以上，年降水量 450 毫米以上，无霜期在 145 天以上的地区栽培。

4. 香玲 山东省果树研究所以亲本早实优系上宋 5 号×阿克苏 9 号（新疆早实核桃无性系阿 9）杂交育成。1989 年通过林业部鉴定。华北、西北地区引种栽培。坚果卵圆形，中等大，平均单果重 10.6 克，最大果重 13.2 克，三径平均 3.4 厘米。果实壳面光滑美观，壳厚 0.99 毫米，缝合线较松，可取整仁，出仁率 57.6％，仁色浅，风味香，品质上等。植株生长中庸，树姿开张，分枝角 70°左右，树冠半圆形。叶较小，绿色。香玲属雄先型，中熟品种。该品种丰产性强，肥水不足时果实变小，结果过多时树势易衰弱。注意增施有机肥，适量负荷，延长结果寿命。抗寒、抗旱、抗病性较差，对肥水条件要求严格，干旱、管理粗放等会导致树体结果寿命变短。

5. 中林 1 号　中国林业科学研究院林业研究所以山西汾阳串子（晚实）为母本，祁县涧 9-7-3（早实）为父本杂交育成。1989 年通过林业部鉴定。坚果中等大，平均单果重 10.45 克，最大果重 13.1 克，三径平均 3.38 厘米。果实壳面较光滑美观，壳厚 1.1 毫米，缝合线微凸，结合紧密，出仁率 57.4%，仁色浅，风味香，品质上等。在通风、干燥、低温的地方（8℃以下）可贮藏一年品质不降低。植株生长势强，树姿较开张，分枝角 65°左右，树冠自然圆头形。叶质厚，深绿色，光合能力较强。中林 1 号属雌先型，中熟品种。该品种连续结果能力强，结果过多易变小，注意增强肥水管理，较抗寒、耐旱，抗病较差。

6. 绿波 河南林业科学研究所选自新疆早实核桃实生树。1989 年通过林业部鉴定。华北、西北地区引种栽培。坚果长圆形，中等大，平均单果重 10.46 克，最大果重 13.2 克，三径平均 3.42 厘米，壳面较光滑美观，壳厚 1.01 毫米，缝合线微凸，结合紧密，可取整仁，出仁率 58.5%，仁色浅，风味香，品质上等。在通风、干燥、冷凉的地方（8℃以下）可贮藏 10 个月品质不下降。植株生长势强，树姿较开张，分枝角 65°左右，树冠半圆形。叶片中大，叶质厚，深绿色。绿波属雌先型，中熟品种。该品种树冠紧凑，短果枝结果，适宜矮化密植栽培。抗寒、抗旱性强，抗病性弱。绿波适宜在丘陵山区推广栽培。

7. 礼品 1 号 辽宁省经济林研究所通过实生选种培育而成，属晚实核桃品种类型。坚果长圆形，平均单果重 9.7 克。壳面光滑、色浅，壳厚 0.6 毫米，极易取整仁，属纸皮类核桃。平均核仁重 6.74 克，出仁率 70%。树势中庸，树姿半开张。每母枝平均发枝数 1.9 个，果枝率为

58.4%。果枝平均长 15～30 厘米，粗 0.9 厘米，属于长果枝型。每果枝平均坐果 1.2 个。每平方米冠幅投影面积产仁量 150 克左右。礼品 1 号属雄先型，9 月中旬果实成熟。嫁接树 3 年开始结果，产量中等。该品种适应性强，耐寒，适宜在年均温 9～16℃，冬季气温在－28℃以上，年降水量 450 毫米以上，无霜期 145 天以上的北方核桃栽培区栽培。

8. 晋龙 1 号 山西省林业科学研究所 1978 年选自汾阳县南偏城村当地晚实核桃类群，1990 年通过山西省科委鉴定，定名为晋龙 1 号，1991 年列入全国推广品种。晋龙 1 号在山西、河北、北京、山东、江西等地都有栽培。

坚果较大，平均单果重 14.85 克，最大果重 16.7 克，三径平均 3.78 厘米，果形端正，壳面光滑、色较浅，壳厚 1.09 毫米，缝合线窄而平，紧密易取整仁，出仁率 61.34%。平均单仁重 9.1 克，最大 10.7 克，仁色浅，饱满风味香，品质上等。在通风、干燥、冷凉的地方（8℃以下）可贮藏一年品质不下降。植株生长势强，树姿开张，分枝角 60°～70°，树冠圆头形。叶片大而厚，深绿色。晋龙1号属雄先型，中熟品种。该品种是我国育成的第一个晚实优良品种，其嫁接苗比实生苗提早4～6年结果，幼树早期丰产性强，品质优良。抗寒、抗晚霜、耐旱、抗病性强。栽培条件好时，连续结果能力强。晋龙1号适宜在我国华北、西北丘陵山区发展。

（二）国外优良品种

1. 福兰克蒂（Franquette） 产地法国，在欧洲及美国各核桃产区均有大量引种和栽培。坚果小，平均单果重11.09克，缝合线紧密。出仁率46%，核仁色极浅。树体高大，直立性强，生长势中等至旺。一般只有顶芽能够结实，较丰产。晚熟品种，在美国加利福尼亚州9月下旬成熟。该品种最大的特点是春季萌芽及花期较晚，可免于晚霜的危害。宜大冠稀植栽培。

2. 强特勒（Chandler） 原产美国，是彼特罗×UC 56‐224的杂交子代。为美国主栽早实核桃品种，1984年引入我国。2013年通过河南省品种审定。坚果大，三径平均4.40厘米，平均单果重12.86克。坚果心形，壳面光滑，缝合线紧密，易取整仁，壳厚1.5毫米，出仁率

49%。核仁充实，饱满，色乳黄，风味香，核仁品质极佳。树势中庸，树姿较直立，小枝粗壮，节间中等。雄先型。侧生混合芽率80%～90%。适宜在年平均温度11℃以上、生长期220天以上的地区种植。嫁接树2年开始结果，4～5年后形成雄花序，产量中等。

该品种适应性强，较耐高温。发芽晚，抗晚霜，黑斑病危害较轻。适宜在有灌溉条件的深厚土壤上种植。

3. 清香 由日本清水直江从日本长野核桃的实生群体中选出，1948年定名。坚果平均单果重11.98克，椭圆形，果形大而美观，缝合线紧密，出仁率52%～53%。核仁色浅黄，风味香甜，无涩味，品质好。树体中等大小，树姿半开张，幼树期生长较旺，结果后树势稳定。清香属雄先型，晚熟品种。一般仅顶芽能够结实，结果枝60%以上，连续结果能力强，坐果率85%以上，发枝率1：2.3，双果率高。丰产性强，嫁接后3年结果，5年丰产，每亩产坚果278千克。在河北保定地区4月上旬萌芽展叶，4月中旬雄花散粉，4月下旬雌花盛期，9月中旬果实成熟，10月下旬至11

月初落叶。

该品种抗性强。抗冻，开花晚，避霜冻。对炭疽病、黑斑病抗性较强。对土壤要求不严。适宜在华北、西北、东北南部及西南部分地区大面积发展。

4. 哈特利（Hartley） 产地美国，1915 年 John Hartley 夫妇在 NaPa 谷地他们的私人核桃园内发现，是美国加利福尼亚州栽培最广泛的一个品种。坚果大，平均单果重 13.56 克。坚果基部宽而平，顶部尖，似心脏形，缝合线紧密，出仁率约为 45％，90％为浅色核仁。哈特利是漂洗后带壳出售的主要品种。该品种树体中等至大，树姿半开张，在肥沃的土壤土长势很旺。侧芽结实率约 10％。开始结果年龄较晚，但盛果期产量很高。哈特利属雄先型，9 月中旬果实成熟。

该品种在美国加利福尼亚州表现丰产，不易遭受苹果蠹蛾和黑斑病的危害。哈特利易感树皮深层溃疡病，在水分不调或土壤瘠薄时，易发生深层溃疡病。其只有栽植在土层深厚、肥沃、排水良好的土壤上，并能合理灌水时才能丰产。宜大冠稀植栽培。

第三讲
核桃生物学特性及适宜的生态条件

一、生长及结果习性

(一) 植物学特性

1. 根系 核桃根系发达，为深根性树种。1～2年生实生苗垂直根生长较快，地上部生长较慢，一年生苗主根长度可为干高的5倍以上；三年生苗以后侧根数量增多，扩展较快，地上部生长开始加速。

核桃根系的生长状况与立地条件，尤其与土层厚薄、石砾含量、地下水位状况有密切关系。早实核桃比晚实核桃根系发达，幼龄树表现尤为明显。发达的根系有利于对矿质营养和水分的吸收，有利于树体内营养物质的积累和花芽形成，从而实现早结实、早丰产。

此外，核桃树有菌根，它比正常吸收根短 8 倍，粗 1.3 倍，集中分布在 5～30 厘米土层中。土壤含水量为 40%～50% 时，菌根发育最好。菌根对核桃树的生长发育具有促进作用。

2. 枝条 核桃的一年生枝可分为营养枝、结果枝和雄花枝 3 种。

（1）营养枝 只着生叶芽和叶片，不开花结果的枝条，也可称为生长枝，一般长度在 40 厘米以上。具体可分为发育枝和徒长枝两类，后者多由树冠内膛的休眠芽（或潜伏芽）萌发而成，角度小而直立，一般节间长、不充实。

（2）结果枝 着生混合芽的枝条称为结果母枝，春季萌发抽生结果枝，在结果枝顶端着生雌花结果。结果母枝按其长度和结果情况可分为长结果母枝（大于 20 厘米）、中结果母枝（10～20 厘米）和短结果母枝（小于 10 厘米）。长结果母枝结果可靠，并能连续结果，中结果母枝次之，短结果母枝结果能力差。

（3）雄花枝 只着生雄花芽的细弱枝，仅顶芽为营养芽，不易形成混合芽，雄花序脱落后，顶芽以下光秃。雄花枝多着生在老弱树或树冠内膛郁闭处，雄花枝多是树弱或劣种的表现，消耗营养较多。

核桃枝条的生长受年龄、营养状况、着生部位及立地条件等的影响。一般幼树和壮枝一年中有两次生长，形成春梢和秋梢。春季在萌芽和展叶的同时抽生新枝，随着气温的升高，枝条的生长加快，于5月上旬（华北地区）达旺盛生长期，6月上旬第一次生长停止，短枝和弱枝一次生长后即形成顶芽。健壮发育枝和结果枝可出现第二次生长，而旺枝夏季不停止生长或生长缓慢，春秋梢交界处不明显。二次生长现象一般随年龄的增长而减弱。核桃枝条的萌芽力和成枝力常因品种（类型）而异，一般早实核桃40%以上的侧芽都能发出新梢，而晚实核桃只有20%左右。

3. 芽

（1）混合芽 芽体肥大，近圆形，鳞片紧包，萌发后抽生结果枝。晚实核桃的混合芽着生在一年生枝顶部1～3节，单生或与叶芽、雄花芽上下呈复芽状态着生于叶腋间。早实核桃除顶芽为混合芽外，向下 2～4 个侧芽（最多可达 20 个以上）也均为混合芽。

（2）**叶芽**　萌发后只抽生枝和叶，主要着生在营养枝的顶端及叶腋间，或结果枝的混合芽以下，单生或与雄花芽叠生。早实核桃叶芽较少。叶芽呈宽三角形，有棱，以春梢中上部叶芽较为饱满。

（3）**雄花芽**　裸芽，萌发伸长后形成雄花序。多着生在一年生枝条的中部或中下部，单生或叠生。雄花芽呈圆锥状，似桑葚，鳞片极小，不能被覆芽体。

（4）**潜伏芽**（又叫休眠芽）　其性质属于叶芽的一种，只是在正常情况下不萌发，当受到外界刺激后才萌发，有利枝干的更新和复壮。该芽多着生在枝条的中部和基部，中部多复生，基部多单生，位于雄花芽和叶芽的下方。潜伏芽扁圆瘦小，常随枝条的加粗生长而埋伏于皮下，寿命可达数百年。

4. 叶　核桃叶片为奇数羽状复叶，其数量与树龄和枝条类型有关。普通核桃的小叶数为 5～9 片，一年生苗多为 9 片，结果树多为 5～7

片。复叶上的小叶由顶部向基部逐渐变小，在结果盛期树上尤为明显。

复叶多少对枝条和果实的发育影响很大。一般着双果的结果枝需复叶 5～6 个，才能维持枝条和果实的正常生长发育。低于 4 个的，尤其是只有 1～2 个复叶的果枝，难于形成混合芽，且果实发育不良。核桃叶片光合作用的最适温度为 27℃，最适光照强度为 60 千勒克斯，属喜光树种。一年中光合强度的最高峰出现在 5 月中旬，结果枝叶片的光合强度高于发育枝，生长后期结果枝上发出的果前枝的光合能力较强。不同品种间光合强度有明显差异，但早实核桃与晚实核桃之间无明显差异，早实核桃的分枝力强，尤其是结果枝发生果前枝的能力较强，从而提高了树体全年的光合作用能力和水平，是早实核桃丰产的重要原因之一。

（二）根系生长动态

核桃树 1～2 年生实生苗，垂直根生长较快，地上部生长较慢；3～4 年生幼树侧根数量增加，扩展较快，地上部生长相应加快。一年生长周期中根系有二次生长高峰，且与地上部枝条和果实交替生长。

(三)新梢生长动态

新梢生长每年有两次，有时有 3 次生长，形成春梢和秋梢。第一次高峰在 5 月上旬至 6 月上旬，第二次在 7 月中旬至 8 月上旬。

(四)花芽分化动态

核桃树开花结果早晚因种类不同而异。早实核桃定植后 2～3 年开始结果，4～6 年进入盛果期；晚实核桃定植后 4～5 年开始结果，8～10 年进入盛果期。

1. 雄花和雌花　雄花芽在多数地区于 4 月至 5 月上旬就已完成了雄花芽原基分化，5 月中旬出现不明显的鳞片，5 月下旬至 6 月上旬，花被的原始体形成，于第二年 4 月迅速完成发育。雌花芽的分化有两个时期，第一个为生理分化期，第二个为形态分化期。在华北大部分地区雌花芽的生理分化期的时间在 5 月下旬至 6 月下旬，形态分化期是在生理分化的基础上进行的，整个分化过程约 10 个月才能完成。

2. 传粉与受精　核桃是异花授粉，属风媒花。核桃花粉最大传播距离 500 米左右。花粉在自然条件下寿命只有 5 天左右。雌花柱头在开花后 1～5 天内接受花粉能力最强，一天中以上午 9～10 时、下午 3～4 时授粉效果最佳。

（五）果实发育动态

果实发育期，南方地区为 170 天左右，北方为 120 天左右。果实发育大体可分 4 个时期：①果实速生期，此期 30～35 天，其体积生长量约占全年总量的 85％左右。②硬壳期，此期 35 天左右。③油脂迅速转化期，需 50 天左右。④果实成熟期，果实青果皮由绿变黄，有的出现裂口，表示果实完全成熟。

二、生长发育的生态条件

我国核桃分布甚广，从南（云南勐腊）至北（新疆博乐）；从西（新疆塔什库尔干）到东（辽宁丹东）都有栽培。在如此广阔的地域内，气候与土壤等差异悬殊，年均温从 2℃（西藏拉孜）至 22.1℃（广西百色），绝对低温从 −5.4℃（四川绵阳）至 −28.9℃（内蒙古宁城），绝对最高温从 27.5℃（西藏日喀则）到 47.5℃（新疆吐鲁番);年降水量从 12.6 毫米(吐鲁番)至 1 518.8毫米(湖北恩施);无霜期从 90 天(西藏拉孜)到 300 天(江苏中部);垂直分布从海平面以下约 30 米的吐鲁番盆地(布拉克村)到海拔 4 200 米(西藏拉孜县徒庆林寺)。上述状况反映出核桃属植物对自然条件有很强的适应能力。然而,核桃生产对适生条件却有比较严格的要求,并因此形成若干核桃主要产区。超越其适生条件时,虽能生存,但往往生长不良,产量低或绝产以及坚果品质差等失去栽培意义。

(一)光照

核桃喜光。进入结果期后更需要充足的光照条件,全年日照时数需在 2 000 小时以上,才能保证核桃的正常生长发育,如低于 1 000 小时,核壳、核仁均发育不良。尤其在年生长期内,日照时数、强度对核桃生长、花芽分化与开花结果有重要的影响。新疆早实型核桃产区阿克苏、库车的年日照量都在 2 700 小时以上,生长期(4~9 月)的日照时数在 1 500 小时以上,这里的核桃产量高、品质好,光量充足是重要因素之一。同样,凡核桃园边缘的植株均表现生长好,结果多；同一植株也是外围枝条比内膛枝结果多，亦与光照条件有关。因此，在栽培中，从园地选择、栽植密度、栽培方式及整形修剪等方面，均须考虑光照问题。

（二）温度

核桃属于喜温树种，天然产地大都是较温暖的地带，但不同品种适宜的温度各异。

1. 普通核桃 年平均温度 9～16℃，极端最低温度－25℃，极端最高温度 38℃以下，无霜期 150 天以上的条件适宜普通核桃生长。在休眠期，核桃幼树在－20℃条件下可出现冻害，成年树虽能耐－30℃低温，但低于－26℃时，枝条、雄花芽及叶芽均易受冻害。展叶后，如温度降到－2℃左右，新梢可被冻坏。花期和幼果期，气温下降到－1℃左右时则受冻减产。在温度过高的地区，如超过 38℃时，果实易受日灼伤害，核仁不能发育。

2. 铁核桃 只适应于亚热带气候条件，耐湿热，不耐干冷。适于年平均气温 12.7～16.9℃，最冷月平均气温 4～10℃，极端最低温度－5.8℃，温度过低难以越冬。

(三) 水分

不同的核桃种和品种对降水量的适应能力有很大差异。漾濞核桃分布区的年降水量为800～1 200毫米，而将早实型核桃引种到降水量600毫米以上的地区易患病。核桃耐干燥的空气，而对土壤水分状况却比较敏感，土壤过旱或过湿，均不利于核桃的生长和结实。长期晴朗而干燥的气候，充足的光照和较大的昼夜温差，有利促进开花结实和提高果实品质。山地核桃园需采取水土保持工程措施，而在平地则要解决排水问题。核桃园的地下水位应在地表2米以下。研究证明，地下水位高低影响核桃根系分布深度。

(四) 土壤

核桃通过其庞大的根系，从土壤中吸收水分及养分，因此土壤条件的好坏直接影响核桃的生长和结实。

核桃为深根性的树种，要求比较厚的土层，不能少于1米厚。

核桃可以在微酸性到微碱性土壤中生长，但以中性到微碱性土壤，即pH在6.5～7.5为宜，土壤含盐量宜在0.25%以下，稍微超过此限即对生长结实有影响。

核桃对土壤的要求是结构疏松、保水性强和透气性良好。核桃比较适宜的土壤为沙壤土，若土壤黏重板结和过于瘠薄的沙地上对生长结果不利，增加土壤有机质有利于核桃的生长和发育。核桃喜肥，氮肥可以增加出仁率，磷、钾肥除增加产量外，还能改善核仁的品质。但应根据土壤和树体的具体生长结实情况确定适宜的施肥量，氮肥稍有过量，就会延迟生长期、推迟果实成熟，不利安全越冬。另外，核桃是喜钙树种，宜在富钙土壤中栽培或施肥时增施钙肥。核桃对地势的要求不太严格，但以坡度平缓、上层深厚、背风向阳等立地条件较为适宜，而阴坡、陡坡及迎风面均不利于核桃的生长发育。核桃宜种植在坡度 10°以下的缓坡地带。

第四讲
培 育 壮 苗

一、砧穗的选择

（一）砧木类型的选择

目前国内核桃良种化进程较快，绝大多数地区都已经实现了用嫁接方法来繁育苗木，常用的砧木类型有普通核桃、铁核桃、野核桃、核桃楸、枫杨等5种。

1. 普通核桃 我国北方地区生产的核桃，几乎全是普通核桃，用普通核桃作砧木嫁接优种核桃（泡核桃除外），习惯称之为"共砧"或"本砧"。作砧木用，一般是用品质较差的夹核桃或绵核桃等种子，不用早实类型的薄壳核桃。本砧亲和力强，接口易愈合，嫁接成活率最高，苗木生长旺盛，生长结果良好，不会出现早衰现象。

2. 铁核桃 云贵川地区常用，栽培历史较长。铁核桃坚果壳厚而硬，出仁率低（20%～30%），一般不作为商品。铁核桃嫁接泡核桃的成活率高，是泡核桃、三台核桃、大白壳核桃、细香核桃等优良品种的砧木，耐湿热气候，但不耐严寒，北方地区不宜使用。

（二）播种育苗

1. 苗圃地的选择 苗圃地要选择土层深厚、土壤有机质含量高、地下水位低、盐碱含量低、背风向阳的地块，土壤以沙壤土或轻黏土为宜。苗圃地要有灌溉条件，旱能灌，涝能排。同时，注意前茬不能是核桃，核桃苗圃也不能连茬，需要种植其他作物5～8年以后才可以重新用作核桃育苗地。

苗圃地在秋季进行深耕20～25厘米，深翻前施入以有机肥为主的基肥，每亩施农家肥4～5吨，混入过磷酸钙50千克。深耕后不需要耙平，以便利用冬季的阳光和雨雪进行冻垡，促进土壤熟化。春季播种前再浅耕1次，然后耙平，做畦，播种。

2. 采种 首先选择采种母树，要求生长健壮、没有病虫害、种仁饱满、果个均匀、连年产量稳定的壮年树，不宜从衰老树采种。作为播种用的核桃要适当晚采，使种仁充实。一般在白露以后，超过成熟期5～7天为好。这时采收的核桃种仁饱满，发育充实，青皮容易脱掉。采收过早的核桃胚发育不完全，种仁不充实，发芽率低，苗木长势弱。果实采收后要及时去掉青皮。

播种用的核桃不能放在水泥地面、石板或铁板上暴晒，以免因受高温危害而降低其生活力，最好的方法是阴干，在通风、遮阴的土质地面上进行晾晒或者风干。要特别注意，播种用的核桃不能漂白，漂白后的核桃萌芽率大大降低。

在大多数情况下，作种用的核桃都是在市场上购买的，这时不容易区别是否早采，在选购时要多敲开一些进行观察，看种仁是否饱满。千万注意不能用隔年的陈核桃来播种，过夏的陈核桃容易出油变质，发芽率大大降低。

3. 种子贮藏 秋季核桃采收后直接播种（秋播）的，种子可不处理。春播的种子需进行贮藏和播前处理。种子贮藏以干藏法较好。

因为核桃没有后熟现象，种子可不经后熟就

能正常萌发。一般是将晾干的核桃装入麻袋中，放在通风、背阴、干燥的房间或地下室即可，贮藏期间要定期检查防止鼠害。有条件的地方可放在 0℃ 的气调库或冷库中，少量的种子也可保存在冰箱的冷藏室。

4. 种子播前处理 干藏的种子在播种前必须用适当的措施进行处理才有利发芽，缩短萌芽期。沙藏后的种子可直接播种，但以催芽后再播种效果较好。

（1）冷水浸种 春季播种前，用冷水将干藏的种子浸泡 7~10 天，每天换 1 次水，使其充分吸水，然后将浸泡过的种子置于太阳下暴晒，使核桃的缝合线裂开，即可播种。有河流的地方可将核桃放在流水中，效果更好。对于不开裂的核桃可拣出，重复浸泡、暴晒，直至裂开后再播种。经过 2~3 次处理后仍不开口的核桃播种后发芽率低，出苗迟，长势弱。

（2）温水浸种 将种子放在 80℃ 的温水中，用木棍搅拌至水温下降至室温后继续浸泡，处理时间为 7~10 天，每天换水 1 次，待种子裂开口后即可播种。

根据核桃种子的特性，干藏的种子经过播前处理发芽率很高，且干藏成本低，操作简单，建议生产上最好采用低温干藏，春季浸种、暴晒使种子裂开后播种，省时省工，也可防止种子在沙藏过程中出现霉烂现象。

常用的催芽方法有：将核桃种子混以 4 倍体积的湿沙（含水量 60%），搅拌均匀，在向阳地面摊成 20 厘米厚，上盖塑料布，白天让太阳晒，晚上盖草帘保温，每天上午、下午各翻动 1 次，待胚芽稍伸出即可播种。

5. 播种时期 一般分为秋播和春播，北方地区以春播较为常见。

（1）秋播 果实采收后可尽快播种，一般在上冻之前完成。在冬季较短，不十分寒冷的地区多用秋播，第二年出苗早，出苗率高，生长期长，苗木健壮。在生长期较长的河南、山东等地可考虑秋季播种，核桃采收后立即带青皮播种，春季加覆地膜或搭小拱棚，促进提早萌发，高肥水管理，加快砧木苗生长，6 月初部分达到嫁接粗度，一年成苗，可缩短苗木繁育期，降低生产成本。

（2）**春播**　北方地区都用春播，一般是在土壤解冻后及早进行。晋中地区一般为 4 月上中旬。此时播种多比较干旱少雨，需要有灌水条件，同时最好覆盖地膜，以利保水和提高地温。春播的核桃砧木苗一般需要到第二年才能嫁接，也有在当年 8 月进行嫁接，第二年剪砧成苗的成功经验。

6. 播种方法

（1）**整地**　为方便嫁接操作，培育砧木苗时常用宽窄行法，宽行 60 厘米，窄行 40 厘米，株距 15～20 厘米。只培育实生苗而不进行嫁接的可适当密些，株行距 20 厘米×40 厘米。

（2）**灌水**　播种前要浇一次透水，或趁雨播种。干旱缺水地区一般先开沟，沟内灌水，待水渗下后再播种。

（3）**点播**　核桃种子大，一般用点播的方法。要求种子缝合线与地面垂直，且种尖（胚根、胚芽从此处萌发）与地面平行，这样有利苗木出土，生长健壮。

在一次性播种量大的情况下，也可以采用播种马铃薯的机械进行，在种子质量高时对发芽几乎没有影响。

（4）覆土厚度 一般来说播种的覆土厚度是种子直径的 3～5 倍，大粒种子取 3 倍，小粒种子取 5 倍。普通核桃直径为 3～4 厘米，适宜的覆土厚度为 8～12 厘米。干旱地区可适当厚些，有利保墒，用地膜覆盖的可适当浅些，盖 5～7 厘米有利出苗。

（5）覆地膜 播种后一般覆盖地膜，利于保水保墒，提高地温，促进种子萌发和生长，苗木出土后要及时用小刀划口放风。也可采用先覆盖地膜，后打孔点播的方法。地膜也可用稻草代替，但保墒效果较差，地温低，发芽晚。

7. 播种量 一般核桃亩育苗量 4 000～6 000 株。每亩需大粒种子（60 粒/千克）120 千克，或中小粒种子（100 粒/千克）70 千克。播种前依据确定好的株行距、种子大小等测算需要的播种量，在准备种子时可多准备 5%～10%，以便剔除霉烂、空壳的种子，或出苗后发现缺株严重时补种。

（三）幼苗管理

核桃春播后 20 天左右开始出苗，40 天左右出齐，幼苗出土后及时用小刀将地膜划开，防止烫伤幼苗，同时将划开的地膜用湿土埋严，加强苗期管理是培育壮苗的关键。

1. 补苗（补种） 当苗木出土后发现缺苗严重的需要及时补种，也可以将较密部分的小苗移栽过来，保证成苗数量。大面积育苗时还要在另外的地块播种一些作为补植用苗。

2. 施肥浇水 苗木出土前一般不进行浇水。待苗木出齐后要及时灌水，5～6月要灌水2～3次，结合灌水追施化肥2次，以速效氮肥为主，如尿素、硫酸铵等，前期10千克/亩，中期20千克/亩，碳酸氢铵、硫酸铵含氮量低，要适当多施。7～8月追施磷钾肥促进苗木充实，可每亩追施磷酸二铵20千克＋氯化钾20千克。除土壤施肥外，还应进行叶面喷肥，0.3%～0.5%尿素或磷酸二氢钾7～10天喷布1次，叶面肥需连续喷施3～5次。雨水多的地方要注意排水，以防烂根和苗木徒长，土壤上冻前浇1次封冻水，防止越冬时的抽条。

3. 中耕除草 一般浇水后进行中耕除草，一方面减少杂草与苗木争夺养分，同时可以防止土壤板结，减少地面蒸发，为根系的生长提供一个良好的环境。

4. 断根 核桃主根发达，如不进行断根处理，侧根生长很弱，建园定植时不利成活和缓苗。因此，一般在夏末秋初要进行断根处理，促进侧根的发育。操作方法是在行间距离苗木 20 厘米处用断根铲呈 45°角对着苗木斜插入土中，切断主根。断根后浇 1 次水，同时施肥，促进新根的发育。断根后的苗木侧根发达，苗木移栽成活率高。

5. 冬季埋土防寒 冬季低温容易使核桃幼苗冻死，以前常将幼苗起出防寒。现在可在入冬落叶后平茬，然后覆土 10～20 厘米，效果很好。冬季不太冷的地区可仅在根颈处埋土防寒。

6. 病虫害防治 核桃苗木病虫害防治方法可参考大树的防治方法，以预防为主，发现病虫害要及早喷药控制。

二、核桃的育苗技术

（一）接穗准备

1. 接穗来源 选择优良品种作为采穗母树，

建立采穗圃。从采穗圃剪取接穗可保证品种纯正。采穗母树应生长健壮，无病虫害。接穗采集后要做好标记，防止混杂，因为核桃品种从枝条和树体上区分比较困难，一旦混杂会对以后的生产带来很大的麻烦。有时候也从生产园剪接穗，同样也要注意纯度的问题，同时采穗量要少一些，以免使树体衰弱或减产较多。剪取接穗最好从已经挂果的树上剪取，便于区分品种。而现在生产上由于苗木需求量大，在幼树上剪取接穗的现象比较普遍，这往往给品种混杂埋下隐患，同时也不利于幼树的生长。

专业的采穗圃要求接穗品种来源清楚，最好是树体已经结果且无病虫危害。根据需要，采穗圃母树一年可采3次接穗。春季萌芽前采枝接用的接穗，可将一年生枝全部留3～5芽重短截，促发新枝。剪取接穗后要注意在剪口及时涂抹油漆，对母株进行保护，防止伤流过多使树体衰弱。5月底至6月中旬采第二次，采穗量为当年生新梢的60％，余下的枝条要留到第二年春天枝接时采穗。7月下旬采第三次，在第二次采后萌发的新梢中采穗。采穗圃要加强肥水管理，促进枝条的生长和充实，提高接穗质量。

2. 枝接接穗的采集　选择梢长 1 米左右、粗 1～1.5 厘米的一年生枝，要求发育充实、髓心较小、基部留 3～5 个芽。按粗细、长短分级，50 条一捆进行包扎，悬挂品种标签，登记造册。

3. 芽接接穗的采集　5 月底至 6 月中旬选择木质化的当年生发育枝，芽体成熟度要高、饱满，随采随用。接穗剪下后马上去掉叶片，留 2 厘米左右的叶柄，不能太短，否则伤口太大，同时注意剪下一根去一根的叶片，不要剪下一堆才去叶。剪好的接穗打捆（每捆 20 条或 30 条），用湿布包裹，标明品种，尽快嫁接。

4. 接穗贮运　枝接的接穗可在早春或晚秋运输，此时气温较低但又不会冻坏接穗，运输时要注意保湿。贮藏接穗时可埋在地窖湿沙中，效果较好。方法参照种子的层积处理，要注意每根接穗都要和湿沙接触，所以贮藏的接穗捆不能太大。

芽接的接穗最好在本地随采随用，避免长距离运输。短期贮藏可放在冷库中，保持 0℃ 以上，勿使受冻。芽接的接穗会随贮存时间的延长

而使嫁接成活率降低，一般贮存期不要超过 5
天。田间嫁接时要用湿布将接穗包好放在阴凉的
地方，避免阳光暴晒。

5. 接穗处理 枝接用的接穗一般要进行蜡
封，能防止水分散失，提高嫁接成活率。在嫁接
前 3～5 天，取出冬季贮藏的接穗，剪截长度
15～20 厘米，有 3～4 个饱满芽，剪口距第一个
芽 1～2 厘米的枝段。第一芽将来长成的枝条最
好，所以要特别注意第一芽的质量。蜡封的方法
是，将市售的石蜡（加入少量的蜂蜡效果更好）
放入容器（铝锅、铁锅均可），用火加热使蜡化
开，在蜡液中插入一温度计，控制蜡液的温度为
120～140℃。蜡液熔化后，将接穗放入蜡液中迅
速蘸一下，甩掉表面多余的蜡液，使整个接穗表
面包被一层薄而均匀透明的蜡膜。少量的接穗可
用夹子或筷子夹住一个一个地蘸，大量接穗可使
用笊篱，用笊篱时一次可处理 10～20 条接穗，
不可太多，以防降低蜡温。具体操作方法是：在
笊篱中放 10～20 条接穗，迅速淹入蜡液，瞬间
即把笊篱取出，抖一下使部分蜡液掉回锅内，随
即稍用力甩在铺有塑料布的地上，使接穗四处散

落，而不堆在一处，以利散热。注意蜡的温度不能过高或过低。温度过高容易将接穗烫死，这时可将容器撤离热源降温。温度过低，接穗上的蜡层过厚，容易龟裂脱落，需重新进行加热。现在用电磁炉加热可方便地控制温度。也可在容器中加入少量的水，利用水来间接加热，控制蜡液的温度在90～100℃范围内，这样可保护接穗不被烫伤，但由于温度较低，蜡封的效果不如直接用火加热。刚用蜡封好的接穗不要堆在一起，要将其散放促使热量迅速散失，以保护接穗不被烫伤。蜡封后不立即进行嫁接的，可用湿布将接穗包裹起来放入冰箱或埋入地窖湿土中临时保存。

芽接的接穗采集后也需要用蜡来封住剪口，以减少水分的散失。随采随用的可不蜡封，只用湿布包裹即可。

（二）嫁接技术

核桃嫁接的方法较多，根据嫁接时间和接穗的种类，可分为枝接和芽接两类。以一段带芽的枝条作为接穗的嫁接方法称为枝接，而仅以一个芽片作为接穗的称为芽接。常用的枝接法有插皮舌接；芽接法有方块形芽接、T形芽接、环状芽接、"工"字形芽接等。方块芽接是目前生产上最常用的大量繁殖苗木的方法，枝接主要用于大树高接换优或芽接没有成活的第二年春天补接。

1. 插皮舌接 砧木锯断后选光滑处由下至上削去一条老皮，长5～7厘米，宽1～1.5厘米，露出皮层。接穗削成6～8厘米的单削面，呈马耳形，用手捏开削面背后的皮层，使之与木质部分离，将接穗削面的木质部插入砧木削去表皮处的木质部和皮层之间，用接穗捏开的皮层盖住砧木的削面，最后用塑料布绑扎严实。此时的接穗不离皮，很难捏开，因此进行插皮舌接的接穗要事先进行催芽处理，使之离皮。方法同种子的催芽，注意把握处理的时间，催芽时间过长会使接穗萌发，导致嫁接成活率降低。插皮舌接方法稍微烦琐一点，但它是核桃枝接成活率最高的方法。

2. 方块形芽接 此法嫁接成活率高，是近年来应用最多的核桃嫁接方法。具体操作方法是：用刀先将叶柄留0.5厘米左右削去，在接芽上下各1厘米处横切一刀，在接芽叶柄两侧0.5

厘米处各竖切一刀，与横切刀口相交，用拇指和食指按住叶柄处横向剥离，取下一个长方形的芽片，注意要带上生长点——芽片内面芽基下凹处的一小块芽肉组织。在砧木距地面20厘米左右光滑部位横切一刀，在刀口之上再横切一刀，两刀间距离与接芽长度相当，竖切一刀，与上、下横刀口相连通，挑开皮层开个"门"，放入接芽，一面紧靠竖刀口，依据接芽的横向宽度撕去砧木挑起的皮，注意去掉的皮要比接穗芽片稍微宽1～2毫米，以便接芽和形成层紧密结合。用厚地膜剪成3厘米宽的塑料条进行绑缚，注意将叶柄的断面包裹严实，露出芽点。最后，用修枝剪将接口以上的砧梢留1～2片复叶剪去，控制砧木的营养生长，有利接芽成活。方块形芽接宜在5月底至6月中旬进行，接芽当年可萌发成苗。也有在7～8月进行嫁接的，但接后接芽当年不萌发（闷芽），第二年才剪砧，萌发成苗，主要用于5～6月嫁接没有成活的砧苗补接。

方块形芽接的砧木切法也有开"工"字形口的，称为"工"字形芽接。接穗切法与方块形芽接相同，砧木先横切两刀，竖切时在横切刀口的中间切一刀，将砧木的皮层向两边挑开，放入接芽，绑缚。"工"字形芽接不去掉多余的皮层，有时也称开门接。

有些地方习惯用双刃刀嫁接，操作方便，成活率高。可自行制作双刃芽接刀，取 2 根钢锯条用砂轮磨出刀刃，找一宽 4 厘米、厚约 1 厘米、长 10 厘米的小木条，用布条将锯条做成的刀绑缚在木条两侧即成。嫁接操作与单刃刀类似，只是横切两刀变成一次完成，且易使砧木的切口与接穗芽片等长，可提高嫁接速度，提高成活率。

（三）影响嫁接成活的因素

以前核桃嫁接比较难，成活率低，直到 2000 年前后才得以解决，嫁接成活率提高到 90% 以上，且各地的嫁接工人都能熟练掌握这项技能。综合来看，影响核桃嫁接成活的因素较多，在生产上需特别注意以下几个方面：

1. 砧、穗质量 从嫁接成活的机理来看，只有砧木和接穗都能产生足够的愈伤组织，愈伤组织分化形成连接组织，才能最后形成一个新的植株。这就要求砧木和接穗都有较强的生命力，特别是接穗的质量，因接穗要完全靠自身贮藏的养分度过一段时间，如果接穗质量较差，成活率就会大大降低。芽接时，砧木苗培育一般是第一年春季播种，第二年春季平茬，新梢长出后到5月底至6月中旬进行嫁接，要求砧木嫁接部位粗度达到1.5～2.5厘米。

芽接的接穗要在5月底至6月中旬的这一段时间剪取，此时核桃新梢的生长量一般不是很大，芽体成熟度低，一个枝条上可用的芽不多。为了获得质量较高的接穗，可将母株栽植在温室或大棚中，使其提早萌发，到大田可以嫁接时接穗枝条生长时间长、生长量大、芽体饱满、成熟度高，嫁接后成活率高；且同一条发育枝上，中下部芽发育好，作接穗好，顶部和基部芽发育质量差，一般不能使用。注意芽子萌动的枝条不能作为枝接接穗，采集枝接的接穗以休眠期为好，一般在萌芽前剪取。

2. 伤流液 伤流是制约核桃嫁接成活的重要因素。伤流液会使嫁接口缺氧，抑制砧、穗的呼吸作用，从而阻止愈伤组织的形成。过去核桃嫁接以春季枝接为主，而休眠期核桃伤流特别明显，且气温低、湿度大、雨水多的环境下伤流增多。常用的减少伤流的方法有夏季、秋季嫁接，以避开伤流。春季嫁接时在接口以下靠近地面砍几刀作为"放水口"，或者提前剪砧，推迟嫁接时期等都可以减缓伤流的产生，但很难做到完全避免。

3. 酚类物质 主要是单宁类的影响，因为核桃枝条含的单宁较多，接口常有单宁物质沉淀形成隔离层，阻碍砧、穗的接合。5月底至6月初嫁接时酚类物质较少，所以嫁接成活率大大提高。

4. 环境因子

（1）温度 核桃嫁接时愈伤组织的形成是嫁接成败的关键，而愈伤组织的产生与温度、湿度等密切相关。据试验核桃愈伤组织分化的最佳温度为29℃，嫁接时的环境温度以25～30℃为宜。因此，春季嫁接时不能太早，一般在萌芽展叶期进行。

（2）湿度 接口的微环境对愈伤组织的形成至关重要，主要是要保持一定的湿度，接口干燥容易使薄壁组织干死，不能分化出愈伤组织；

湿度过大则通气不良，愈伤组织不能产生。因此，在生产上常要用塑料薄膜包扎接口，防止水分的散失。以前室内嫁接蘸石蜡、劈接用湿土包埋都是为了提高湿度。

（3）降雨　愈伤组织形成需要较高的湿度，但降雨会严重降低嫁接成活率。春季枝接时降雨会加大伤流的发生，夏季芽接时降雨会使嫁接部位氧气不足而容易发生霉烂。

5. 嫁接时期　保证芽接成活率的关键是选择好嫁接时期。以 5 月底至 6 月初最为合适，嫁接当年可成苗。8 月为补接期，嫁接成活后接芽当年不萌发，第二年可成苗。枝接时期以展叶后嫁接为好，此时伤流少，嫁接成活率高。

6. 嫁接技术　熟练的嫁接技术可缩短嫁接过程中砧木、接穗切口在空气中暴露的时间，减少单宁物质的氧化，平滑的切削面可保证砧、穗紧密接触，愈伤组织容易连通。嫁接时绑缚牢固、密闭与否也会影响嫁接成活率。从嫁接方法来说，以方块形芽接成活率最高，可达到 95%以上。无论枝接还是芽接，凡砧、穗接触面积大的成活率高，反之则低。

7. 接后管理 许多嫁接失败的情况是由于嫁接后疏于管理而造成的。枝接要绑缚支柱,以免新梢长出后被风吹折。芽接时要注意及时松绑、解除塑料条,减少水分、养分供应的阻碍。

(四) 嫁接后的管理

从 5～6 月嫁接到 10 月嫁接苗出圃,只有短短的几个月,为了保证嫁接苗健壮生长,培育高等级的苗木,需要加强管理。

1. 检查成活和补接 核桃嫁接 1 周以后可检查是否成活,接芽新鲜饱满的说明嫁接成活,接芽变黑的没有成活,以后要进行补接。

2. 剪砧 5 月芽接时,一般要在嫁接的同时将嫁接口以上的砧梢保留 1～2 片复叶剪去,抑制砧木的生长,有利接芽成活。嫁接后 7～10 天在接芽上 1.5～2 厘米处剪砧,促进接芽的生长。而 7 月中旬后嫁接的不剪砧,当年只培养成带有一个品种接芽的半成品苗,到第二年春天才剪砧,接芽萌发长成嫁接苗。

3. 除萌 芽接后 20 天左右,砧木上会萌发大量嫩梢,应及时抹除,以集中养分供应接芽生长。在以后的管理过程中还要集中抹芽 1～2 次。

一般当接芽新梢长到 30 厘米以上时，砧芽才很少再萌发。

4. 解除绑缚物 嫁接后要注意检查接穗的叶柄，有腐烂的需要将薄膜挑破放风，防止整个接芽腐烂。嫁接成活后接穗生长迅速，可在新梢长到 3～6 厘米以上时及时解除绑缚物。解绑过早的接口愈合不牢，接穗易被风吹掉或因田间操作而碰掉。解绑过迟，塑料布会抑制绑缚部位的增粗，将来苗木也易被风刮折。

5. 肥水管理 核桃嫁接后到接芽萌发前不能浇水施肥。新梢长到 10 厘米以上时开始加强肥水管理，促进生长。追肥、浇水同时进行，前期每次每亩追施尿素 10 千克，中、后期施用尿素 20 千克（或磷酸二氢钾 10 千克），浇水后2～3 天中耕除草，可将土壤追施和叶面喷肥相结合，交叉进行，半个月 1 次，每次喷 0.5％尿素＋0.3％磷酸二氢钾，总浓度不超过 1％。立秋以后控制浇水和施氮肥，叶面喷施磷、钾肥（0.3％磷酸二氢钾）促进枝条充实。

6. 设置支柱 接芽萌发后枝叶生长迅速，而接口的机械支撑能力还较弱，很容易被风吹折或被人畜碰折。可在旁边插一根竹竿或木棍作为支柱，用细绳将新梢和竹竿绑在一起，起到固定作用。绑缚时要留有新梢生长的空隙，防止勒伤苗木。

7. 摘心　苗圃一般肥水充足，枝条容易贪青徒长。一般在9月中旬对没有停长的新梢进行摘心。摘心后可促进新梢木质化，有增强嫁接苗越冬能力和防止抽条的作用。

8. 防治病虫害　苗圃地密度大，枝叶幼嫩，容易遭受病虫害，在管理过程中要注意观察，及时发现，及早防治。

三、苗木出圃

冬季寒冷的地区在落叶后上冻前将苗木出圃。苗木出圃是育苗的一个重要环节。要根据需要制定好出圃计划，按品种和栽植需要分批出圃，避免在出圃、贮存、运输等过程中造成品种混杂。冬季没有抽条现象的地区，可在第二年春天解冻之后、芽萌动前出圃，随挖随栽，栽植成活率高、缓苗快，操作方便。

（一）苗木标准

核桃嫁接苗标准目前执行的是 GB 7907—1987 国家标准，一般销售的苗木要达到 2 级以上，且要求嫁接苗接口愈合良好，充分木质化，没有病虫害及机械损伤。需要注意的是苗高在生产上一般指嫁接口以上的高度。这一标准是在 1987 年制定的，当时核桃嫁接繁殖技术还不过关，苗木质量一般不高。现在通过嫁接可以繁育出质量更高的苗木，苗木高度可达到 1 米以上，甚至更高。结合生产实际，建议核桃一级苗的标准可提高到 1.2 米，便于栽植后定干。

表 4 - 1 核桃嫁接苗的质量等级（GB 7907—1987）

项目	1 级	2 级
苗高（厘米）	＞60	30～60
基径（厘米）	＞1.6	1.0～1.2
主根保留长度（厘米）	＞20	15～20
侧根条数	＞15	

如果是用作砧木的实生苗，则高度要求不严格，直径要达到 1.5 厘米以上，根系发达，生长健壮无病虫害。

（二）起苗、分级和贮存

1. 起苗 初冬苗木落叶后、土壤上冻前要将苗木起出，栽植、外运或集中贮存。核桃是深根性树种，且根系受损后愈合能力差，因此起苗时要尽量保护根系。出圃前一周要灌 1 次透水，增加土壤湿度，防止因土壤干燥加大起苗时根系的损伤，若遇雨可少浇或不浇。起苗时一般用铁锹挖出即可，注意少伤根系。也有用机械起苗的，速度快，功效高，但要注意起苗深度要达到25～30 厘米，防止过多的切断根系。起苗时要备好泥浆，边起苗边蘸泥浆，减少根系在空气中暴露的时间，以保护根系。泥浆要黏稠，太稀的泥浆效果不好。

2. 分级 销售的苗木要进行分级，在起苗的同时按照国家标准 GB 7907—1987 的苗木标准分成一级苗、二级苗和等外苗，同时剔除没有嫁接成活的实生苗。合格的苗木按 20 株或 30 株打成一捆，悬挂标签，尽早假植、运输或栽植。等外苗可归圃再培育一年，第二年出圃。实生苗也可重新栽植在一起待第二年重新嫁接。

3. 贮存 起苗后不能立即栽植的苗木要进

行假植。短期假植是苗木起出后不能及时外运，或购进的苗木即将进行栽植时进行的临时假植，一般不超过 10 天，在阴凉的地方开约 30 厘米深的沟，用湿土将苗木的根系埋起来，同时洒水保湿，也可加盖遮阳网以减少苗木蒸腾失水。长期假植是指苗木越冬假植，时间长，苗木失水多，假植要求较高。

假植时选择地势较高、背阴、风小、交通方便的地方挖假植沟。先挖一条宽约 50 厘米、深 50～80 厘米、长 3～5 米的沟，挖出的土堆在假植沟的南侧，形成一条土垄，将捆扎好的苗木倾斜呈 30°～45°角，依次排入沟中，埋土 2/3 以上并露出梢，用挖第二行沟的土来填埋第一行苗木，注意要将苗木的根系间隙填严，不留空隙。土壤黏重时可掺沙，最好是用纯沙，便于调节湿度和操作，也能更好地填充根系的空隙。第二行沟挖好后摆放苗木，用挖第三行沟的土来填埋第二行的苗木，依次类推，直至所有苗木假植完。同时，在假植场地周围挖排水沟，防止积水。整个苗木假植完后，要喷 1 次水，增加土壤湿度，防止苗木抽干，类似浇冻水。冬季寒冷时可用废旧草帘进行覆盖。春季气温上升后要及时检查，防止苗木霉烂，尽快栽植。假植的土要保持松软，尽量不要践踏，以利通气。

为了更好地贮存苗木，有条件的地方可用果窖或气调库来贮存苗木，窖内温度低，可推迟发芽，延长春季苗木栽植时间。少量的苗木也可放在菜窖内，用湿沙培住根部即可。

（三）苗木检疫与消毒

苗木检疫是防止病虫害扩散的有效措施。目前国内植物检疫的法规是《中华人民共和国植物检疫条例》（1992），该条例包括主管和执行机构、检疫范围、调运检疫、产地检疫、国外引种检疫审批、检疫放行与疫情处理、检疫收费、法律责任等方面。条例规定"凡种子、苗木和其他繁殖材料，不论是否列入应施检疫的植物、植物产品名单和运往何地，在调运前都必须经过检疫。"经检疫未发现植物检疫对象的，发给"植物检疫证书"，可以调运。县级以上农业主管部门、林业主管部门所属的植物检疫机构，负责执行国家的植物检疫任务。

在起苗的同时要对苗木进行消毒。用石硫合

剂消毒，既可灭菌又能消灭介壳虫等枝干害虫，效果较好。方法是将根系浸在5波美度石硫合剂中10~20分钟，取出后用清水冲洗干净，再蘸泥浆保护根系。对起苗时没有消毒的苗木，也可在栽植前消毒。

（四）包装与运输

根据要求，核桃苗木要按等级分开，一般以20株或30株为一捆进行包扎，系好标签，标明品种、等级、出圃日期等信息。捆扎要有3道，分别在根部、梢部和苗木中部，捆扎紧实，防止苗木在搬运过程中脱出。

通常，苗木运输在早春气温较低时进行，现在高速公路发达，可白天装车，晚上运输，避免太阳暴晒。苗木运输时要做好保湿工作，防止苗木失水。短距离运输可裸根运输，装车后用篷布遮盖严实即可，或者是用厢式货车运输，减少路途中的水分损失。长距离运输时要用湿麻袋片、草帘、锯末等包裹根系，运输时须进行遮盖，途中还要适当喷水加湿，防止发热和失水。通过邮局寄送的苗木需进行保湿邮寄，在根部包裹湿锯末或湿苔藓，或湿报纸。所有外运苗木都必须在县级以上林业部门办理检疫手续，防止检疫性病虫害通过苗木扩散。

苗木运送到目的地后要立即打开包装，核对品种、数量，并进行喷水、假植，尽快栽植。

第五讲
建 园 技 术

一、园地选择

为了实现我国核桃品种化、良种化，改善品质，提高产量和科学管理及现代化商品基地的建设，必须科学建园。建园时应对园地的土质、地势、气候等条件进行认真选择，以避免因选址不当和规划不周而带来各方面的不便及损失。

(一)园地选择

1. 核桃建园地气候条件的要求　从地理分布来看，核桃的天然产地，大都是较温暖的地带，北纬 30°～40°为核桃适宜的栽培区域。无霜期 180 天以上、年平均气温 8～16℃的地区均可栽植。核桃树在休眠期能耐−20℃的低温，部分品种耐寒可达−30℃。春季萌芽后，它的耐寒能力降低，如温度降到−4～−2℃，可使新梢受冻；花期和幼果期温度降到 $-2\sim-1℃$，即受冻减产，但对成年树不会造成大的伤害。

核桃树对大气湿度要求并不严，在干燥的气候环境下生长结果仍然正常。核桃对土壤适应性强，无论是丘陵或是山地，还是平原，只要土层较厚、排水良好，就能生长。在土壤疏松、排水良好的河谷地带，则生长更好，地下水位在1.5米以下，pH $7.0\sim8.2$ 的中性、微碱性土壤环境中核桃树生长良好。

2. 地形的影响 核桃园址的选择对地形总的要求是背风向阳，空气流通，日照充裕。我国山地面积占全国陆地面积的 2/3 以上，核桃多为山坡地栽培。山地具有空气流通、日照充足、排水良好等特点，但山地地形复杂，气候多变，土层较薄，肥水条件较差，加上交通不便，给核桃的生产管理带来一定困难。因此，在山地栽植核桃时，应特别注意海拔高度、坡度、坡向、坡形及土层的厚薄等条件。山地建园坡度应在 20° 以下，如山势起伏不大，坡面比较整齐，尤其在我国西南的山区，坡度>25°的地方也可适当利用。

在具体的立地条件下，地形的位置和走向可

以影响光照、气温、土壤及水分状况，而且随着时间的变化而变化。核桃园最好建在平地和缓坡地，坡向以开阔向阳面为好。从现有核桃的分布来看，溪边、河床两岸水源充足的地方为最佳。

3. 坡向的影响 对于坡向的选择，理论上认为阳坡、半坡最好，但在光照充足，没有灌溉的条件下，半阴坡和阴坡条件下的核桃生产则优于阳坡和半坡。山地丘陵区栽植核桃树，由于温差大，一般光照条件好，有利于光合产物的积累而生产优质果品。

丘陵及山地的坡度大小，对土壤肥力及水分状况影响较大，坡度越大，雨水冲刷程度严重，养分淋失严重，土壤就越贫瘠，土壤湿度低，越干旱。因此，坡度大的地区必须规划水土保持工程。在综合考虑各生态因子，初步确定园址后，要进行核桃园的整体规划与设计，内容包括园地调查、道路设置、排灌系统、防护林建立、小区划分及品种搭配等。

4. 沙荒地 沙荒地由于沙尘流动性大、土壤蓄水能力差，因此，在沙荒地上栽植核桃，应在建园前及早营造防护林，达到防风固沙、改善核桃园气候环境的目的。

（二）实施水保工程

山坡丘陵地区干旱少雨，土层瘠薄，在上述立地建立核桃园时，可导致原有植被受到破坏，加之耕作不合理，容易引起水土流失。尤其在雨季，降水过多形成的地面径流，冲走坡地表层肥土和有机质，使果园土层变薄，导致核桃根系裸露，而且使土壤肥力下降，树势衰弱，产量降低，寿命缩短，甚至还会造成泥石流或大面积滑坡，危及核桃园的安全。因此，必须在建园之初通过整地、修筑水保工程，改善土壤状况，提高树体抗旱能力。常见的水保工程有以下几种方式。

1. 修筑梯田 梯田阶面平整，利于耕作，改善了核桃立地条件，充分利用了丘陵山区丰富的光热资源，为核桃创造了一个较理想的小生态环境。通过修筑梯田，可以变坡地为大小不等的台地，减缓坡度，缩小集流面，削减径流量，可有效地防止水土流失；有效增强土壤保水、保肥能力，提高种植面上的气温和生长季积温，减少核桃冻害的发生。

梯田具有等高走向的特点，便于果园土壤改良及精耕细作，也为设置排灌系统及机械管理创造了条件。山地核桃园的梯田阶面不能绝对水平，以有利于排出过多的水分。在降水充沛、土层深厚的地区，可设计内斜式阶面；降水少、土层浅的地区，可以设计外斜式阶面，以调节阶面的水分分布，并有利于土壤改良。

修梯田时，需用水准仪等仪器测量高度，以选择一个代表性的坡面，沿坡向选一基线，在此基线上进行等高测量，以确定梯田阶面的大小和梯田高度。据经验，坡度<10°，阶面宽度可达12~15米；坡度为10°~20°时，阶面宽8~10米；坡度超过20°，阶面宽约4米。通过测量确定了基线和阶面宽度后，应据等高线来确定梯田的边埂线，采取里切外填的方法进行整地。在坡大石多的山区，可修筑石壁梯田，坡度缓又缺少石头的丘陵区，可以修筑土壁梯田。施工时壁基要开挖在硬底或生土层上，并填土夯实，使其底坚硬，保证梯壁牢固。为了很好地保持水土，梯田阶面应外高内低，在梯田阶面内侧挖一条背沟，用以排水，沟内隔3~4米距离挖一小蓄水

坑，借以蓄洪拦水，减缓流速，使雨水能慢慢渗入土中，增加土壤持水量。在近出水口处开挖旱井蓄水。

2. 等高撩壕 我国北方丘陵山区采用的一种简易的水土保持方法，适于坡度缓而降雨较少的地区。撩壕的做法：在沿等高线测量的基础上，隔一定距离沿等高线撩土开壕，将土放在沟的外沿筑壕，使壕断面与沟断面连续成正反弧形。核桃种植于壕外坡上，在壕沟内，又可每隔一定距离横筑一土坝以拦蓄雨水，防止水土流失。由于壕的土层较厚，沟旁水分较多，幼树的生长发育好，但是撩壕在沟内及壕的外沿皆增加了坡度，使两壕之间的坡面比原坡面更陡，增强了两壕之间土壤被冲刷的可能性。通过等高撩壕，变长坡为短坡，变雨水直流为横流，如在壕顶、树行间及沟内人工种植草类或矮秆作物，可以收到更好的水土保持的效果，撩壕有削弱地被径流、蓄水保土、熟化土壤等作用，耕种一段时间以后，根据具体情况，逐步将撩壕改造成复式梯田，以利核桃正常生长结果，并防止雨水冲刷。

3. 开挖鱼鳞坑　山坡地的水土保持工程，依坡度大小可采用不同方式，坡度在5°～15°的地方可以撩壕，15°以上的可修筑梯田，当坡度超过25°时则可挖鱼鳞坑。鱼鳞坑可按"品"字形布置，做法是沿等高线开挖半圆形的坑，用石块或心土培外埂，埂高30～40厘米，坑深1米以上，直径2米，坑距根据定植密度要求而定，表土心土分别堆放。核桃树以后种植于坑内的外侧，以后随核桃树的生长，逐年加培外沿土埂，使其逐步过渡成小坡梯田。

4. 隔坡集蓄径流水平沟　在13°～30°的缓坡地，沿等高线按沟距6～7米在坡面划线，秋季沿线开挖宽1米、深80厘米的沟。开沟时，表土层0～20厘米厚的熟土放坡面上方，沟内20厘米以下的生土挖出下翻垒埂，上翻的熟土连同坡面表土混有机肥回填沟内，并整成里低外高沿等高线延伸的水平沟，外埂拍实，埂高30厘米，以便蓄水。沟内隔一定距离作横挡土坝防止降雨集水后雨水顺沟流动，使沟中水分分布均匀。

此种方法由山西林业科学研究所于1990年

应用于枣树栽培上，效果良好。主要表现在水平沟内水土保持效益高。按埂高0.3米的水平沟可以保证坡面径流的安全集水，防止了水土流失。这种方式若与地埂生草等生物措施结合，防止水土流失的生态效益会更好。

二、科学栽植

(一) 品种选择

1. 品种类型与授粉树配置 品种是果树优质丰产的基础。品种选择是核桃发展的关键环节，品种选择得当，就可以达到丰产、优质、高效益的目的；反之，由于坐果率低或品种不适应栽培环境或销售不对路就会造成很大损失。选择的品种必须是在当地经过一定时间栽培试验证明优良的品种。

目前，通过国家、省级鉴定或审定的核桃品种分为早实和晚实两个类型。早实核桃品种一般结果早、丰产性强，但对栽培条件要求严格，如果立地条件差，管理跟不上，不施肥、不修剪，结果4~5年后容易植株早衰直至死亡。因此，早实核桃品种最好在立地条件好的地方发展；立地条件差，管理粗放的地方应该选择晚实核桃品种。

核桃具有雌雄异熟、风媒传粉、传粉距离短及坐果率差异较大等特点，为了创造良好的授粉条件，要选择适宜的授粉品种。一般建园时应根据核桃品种的雌雄花期选择 3～4 个主栽品种。如果地埂边 50 米范围内有实生大树，可适当保留 2～3 株，建园时可以不考虑授粉问题，因为实生树树大花多，加之雄花散粉期较长，一般可保证授粉需要。

原则上讲，主栽品种与授粉品种的比例为（6～8）：1。主栽品种同授粉品种的最大距离应小于 100 米，平地栽植时，可按 4～5 行主栽品种，配置 1～2 行授粉品种，而山地、梯田可根据上述原则灵活掌握，保证授粉品种的盛花期同主栽品种的盛花期相一致，授粉品种的坚果品质也要优良。

2. 苗木准备 苗木质量的好坏，不仅影响建园时的成活率，而且关系到以后结果迟早，产量高低，影响到建园的经济效益。因此，要对苗木进行严格选择，严把质量关。高质量苗木的标准：主根发达，侧根完整，无病虫害，分枝力强，枝条充实，芽体饱满。采用优良苗木，应于栽植前进行品种核对、登记、挂牌，发现差错应及时纠正，以免造成品种混杂和栽植混乱；还应对苗木进行质量检查和分级。合格的苗木应根系完好、健壮、枝粗、节间短、芽子饱满、皮色光亮、无检疫病虫害，并达到国家标准。最好用2～3年生壮苗，苗高1米以上，干径不小于1厘米，而且须根要多。对不合格、质量差的弱苗、病苗、畸形苗应严格剔除或淘汰。经长途运输的苗木，因失水较多，应立即解包浸根一昼夜，待苗木充分吸水后再行栽植或假植。也可用ABT生根粉溶液浸泡3小时后再行栽植，这样会大大提高栽植成活率。

一般建园面积大，生产上应推广就地育苗，就地栽植的做法。如需外地购苗时，要加强保护，防止风吹日晒苗木失水，保证苗木的安全运输，并注意品种不能混杂。

（二）栽植技术

1. 栽植时期 核桃树的栽植可分为春栽和

秋栽两种。秋栽是指秋季苗木落叶后到土壤封冻前进行栽植。春栽是在土壤解冻后到春季苗木萌芽前进行栽植。过去核桃一般采用春栽，但在我国华北丘陵山区，春旱严重，核桃根系生长缓慢，春栽影响当年生长量，应提倡秋季栽植，即落叶后至土壤上冻前。秋栽的好处是，秋季落叶后地温下降不是很多，土壤湿度较大，栽上以后有利于根系伤口当年愈合，通过一个冬季土中的养根，来年春季可及早开始生长，缓苗期短，成活率高，发芽早。秋栽一般需防寒，否则新栽树易受冻害，影响成活率，如果防寒做得好，可以避免春栽时间集中、干旱少雨、缓苗慢等问题，可以使幼树提早活动，延长生长期。

在冬季气温低、风大、冻土层较深的地区，可以进行春栽，应当在土壤解冻后及早进行，要强调栽时灌水，保墒，防止苗木失水。春栽能有效防止秋季栽植后所栽苗木的抽条和冻害。

2. 栽植密度 栽植密度应根据立地条件、栽培品种和管理水平而定，合理密植可增加叶面积、充分利用光能，提高土地利用率；但栽植密度应以单位面积上能够获得较高的产量和经济效益为总目标。早实品种树冠较小但结果早，产量较高；晚实品种树冠大，但结果较晚，产量相对较低。因此，用早实品种建园时其栽植密度可适当大于晚实品种。通常，晚实核桃的株行距，可以采用（6～8）米×（8～9）米；早实核桃的株行距可采用（3～4）米×（4～5）米。对不同地势、土壤和气候条件而言，在地势平坦、土层深厚、肥力较高的土壤上建园，核桃的长势强，生长量大，易形成大树冠，株行距应大些；在土壤和气候环境条件较差的土壤上建园，易形成小树冠，株行距应小些。对于栽植于田埂、地边、堤堰和以种粮食为主的地块，实行果粮间作者，株行距可以灵活掌握，其株距一般为 8～10 米，行距视地块的宽窄而定，一般为 20～30 米。山地梯田栽植核桃，多为一个台面栽一行，台面宽度大于 10 米时，可栽植 2 行，株距为 5～8 米。平原一般按长方形栽植，山地、丘陵地以梯田田面为准按等高栽植。

3. 栽植方法 栽植前，对苗木根系进行修整，剪除死根、伤根，在清水中浸泡 1 天，栽前根系要蘸泥浆（拉泥条），使根系充分吸水，这样才能保证成活和旺盛生长。科学的栽植方法可以保证苗木成活率，还有利于植株早期的生长发育。栽植前，先要根据确定的栽植密度，用标杆、测绳、白灰标好定植点，再挖定植穴，穴的大小一般要求长1米、宽1米、深1米，山地核桃园的定植穴为直径0.8～1米的圆穴，穴深1米。挖穴时将表土与底土分开堆放，灌溉条件较好的地区可提前挖好穴，使下层土壤充分熟化，干旱少雨且无灌溉条件地区在定植时随挖随栽，尽量保墒。挖穴时遇石砾层或黏重土层，应加大开挖量，采取客土入穴的办法，改良土壤，可用炸药放"闷炮"的形式定点或定线爆破，增厚土层后挖穴定植。

定植时，坑中应施农家肥30～50千克，与表土混匀，将一多半填回坑底，踩实使中央呈凸起丘顶状，有条件时还可每坑加500～1 000克磷肥（过磷酸钙）混匀。栽时将苗放坑中央，根系向四周分布，然后边填土踩实，边轻提苗，使根系与土壤充分密接。填土时要分层踩实，要求在浇水塌实后苗木的栽植深度正好为苗木在苗圃的生长深度或稍高于地面，一般起苗时苗木上的土印可作为栽植深度的标志。栽植过深过浅都不利于核桃的成活和生长。栽后应及时灌水，干旱地区要注意保墒，可采取以定植点为中心树盘周围覆盖 $1\sim1.5$ 米^2 的地膜，地膜周围要用土压实，防止被大风吹起。

（三）栽后管理

栽植后必须灌 1 次透水，两周应再灌 1 次透水，可提高栽植成活率。

1. 检查成活与补栽 正常情况下春季栽植后 1 个月幼树即可萌动，地上开始发芽，地下根系也开始生长；但由于各种原因有少量植株不萌芽，茎干失水严重，最后死亡。秋季栽植的一些树在生长季节来临时虽不萌芽，但干茎仍新鲜有水分，则不能判断为死亡，这些树过段时间可能还会萌动。对于已经判断为死亡的树要及时补栽。

2. 定干 栽植已成活的幼树，如果当年长到 1 米以上，要及时进行定干。确定定干高度时，要同时照顾到品种特性、栽培方式及土壤和环境等条件。早实核桃的树冠较小，定干高度以 $1.0\sim1.2$ 米为宜；晚实核桃的树冠较大，定干高度一般为 1.2～1.5 米；有间套作物时，定干高度为 1.5～2.0 米。栽植于山地或坡地的晚实核桃，由于土层较薄肥力差，定干高度可在 1.0～1.2 米。北方春季山坡地，在草木萌芽期常有大量黑绒金龟子啃食核桃树嫩芽，影响核桃的生长，可用塑料袋或购买 50～60 厘米长、4～5 厘米宽的长袋套于苗干上，加以保护。苗木萌发生长之后，要及时在塑料袋顶部和底部剪口放风，展叶后取下长袋。

3. 加强树体保护

（1）**防治病虫危害** 幼树萌芽展叶后，常易遭受蚜虫、红蜘蛛、金龟子和潜叶蛾等危害，应及时采取相应措施予以防治。

（2）**幼树防寒** 我国华北和西北地区冬季气温较低，栽后 2～3 年的核桃幼树，经常发生抽条现象，而且地理纬度越靠北，抽条越严重。发生抽条的主要原因是树体越冬准备不足，冬季气温较低，土壤水分冻结，核桃根系吸收水分困难，而早春气温回升较快，空气干燥多风，枝条水分蒸腾量大，导致树体地上部水分收支不平衡，发生生理干旱而失水，抽条现象多发生在

2～3月。对于新建核桃园，春栽地区，栽树后为防止茎干严重失水，可采取各种保护措施，树干上喷涂石蜡乳化液最好，107胶（聚乙烯醇）效果也不错。另外，可用水胶黏土防冻液，在茎干上套上细长的塑料袋，都有一定效果。若是秋栽地区，在封冻前应将苗木埋土越冬，覆土厚应为20厘米左右。春季气温回升至15℃左右时及时出土，并注意苗木浇水保水，以提高定植成活率。

第六讲
整形修剪技术

一、整形修剪的意义

（一）目的

整形修剪是核桃栽培管理中一项重要的技术措施。整形就是在树冠形成过程中，有目的地培养具有一定结构，有利于生长和结果的良好树形。修剪是在整形的基础上，进一步培养和完善合理的树体结构，调节生长与结果之间的矛盾。在整形修剪时，依据核桃树自身的生长特性，结合自然条件和管理技术，合理地进行整形修剪，可以形成良好的树体结构，使骨架坚固，并能使树势强健，枝条疏密适宜，改善树体的通风透光条件，促进开花结果，达到幼树早果丰产、大树延长盛果年限的目的。

（二）整形修剪的作用

1. 形成丰产的树体结构 通过整形建造合理的树体结构，并使各类枝条配置科学、结构合理、丰满紧凑、提高树体的负载结实能力。

2. 改善树体的通风透光条件 修剪可以疏除过密枝条，调整枝条的着生角度和方向，使枝条有计划地合理配置，主从分明、通风透光，有利于树体的生长发育和减少病虫危害。

3. 调节生长势，经济利用养分 通过整形修剪，可以调节树体养分的运转，做到经济利用，使弱树强壮、旺树转缓、老树复壮，促进花芽的形成和坐果，延长结果年限。

（三）原则

因树修剪，随枝作形；有形不死，无形不乱；平衡树势，主从分明；轻剪为主，轻重结合；因地制宜，注重效益。

果树发展的不同时期，由于密度、品种、栽培技术的发展等，都会有一定的标准树形。但在具体修剪中，必须依其树体长相，随树就势，诱导成形。主侧枝合理安排，均衡树势，使生长与结果长期处于平衡状态之中。

二、常见树形及结构特点

(一)小冠疏层形

小冠疏散分层形树体一般干高 30～40 厘米，全树 5～6 个主枝，方位互错，分 2～3 层排列在中央干上，即第一层 3 个，第二层 2 个，第三层 1 个；主枝层内距 10～20 厘米，1～2 层层间距为 60～70 厘米，2～3 层层间距 50～60 厘米，主枝基角 50°～60°，腰角 60°～70°，第一层留 1～2 个侧枝，第二层主枝上留一个侧枝，第三层主枝可作为大型结果枝处理。侧枝距为 40 厘米，为了使树冠更矮小，可留 1～2 层主枝，主枝上不留侧枝而直接培养大中小结果枝组。成形后，树高应控制在 2.5～3.5 米，冠径达到 3 米左右呈扁圆形即可。此种树形树冠中等大小，整形容易，主枝多而分层着生，通风透光好，树势强健。进入结果期早，适宜密植栽培。缺点是对干性弱的品种整形困难。株行距（4～5）米×（3～4）米。

(二)自然开心形

自然开心形树体较大，结构简单，整形容

易，主从分明，结果枝分布均匀，树冠内膛光照好，枝组寿命长，通风透光好，结果品质高，成形快，进入结果早，适宜在土壤瘠薄、肥水较差的山地采用。缺点是主枝易下垂，不便树下管理，寿命较短。

定干：定干高度 70～100 厘米。较疏散分层形稍矮，定干方法相似。

主枝的选留：在整形带内，按下同方位选留 2～4 个枝条或已萌发的壮芽作为主枝，主枝间距 20～40 厘米。主枝可一次选留，也可分两次选定。各主枝的长势要接近，开张角度要近似（一般为 60°以上），以保持长势的均衡。

侧枝的选留：各主枝选定后，开始选留一级侧枝，由于开心形树形主枝少，侧枝应适当多留（3 个左右）。各主枝上的侧枝要上下错落，均匀分布。第一侧枝距主干距离可稍近些，晚实核桃 60～80 厘米，早实核桃 40～50 厘米。晚实核桃 6～7 年生，早实核桃 5～6 年生，开始在一级侧枝上选留二级侧枝 1～2 个。至此，开心形的树体骨架基本形成。

三、主要修剪反应

(一) 核桃的枝条生长特性

核桃干性较强，成枝力强，萌芽力弱，分枝角度大。除幼树枝梢生长较为直立外，成年树枝条一般多横向生长，分生角度大，树冠开张。进入盛果期，枝条渐渐下垂。核桃枝条每年生长有两次高峰，形成春梢、秋梢。

根据枝条的不同特性，可分为营养枝、结果枝和雄花枝。

营养枝根据枝条生长势又可分为发育枝、徒长枝和二次枝 3 种。发育枝顶芽均再形成叶芽，是扩大树冠和形成结果枝的必要基础，健壮的发育枝易形成混合花芽，翌年抽生结果枝。徒长枝多数由休眠芽（或称潜伏芽）萌发而成，节间长，叶腋间为叶芽，也有发育质量较差的花芽，不易坐住果。

结果母枝和结果枝：结果枝着生混合芽的枝条称为结果母枝。由混合芽萌发出具有雌花并结果的枝称为结果枝。结果母枝的长度依树势强弱而有不同，短者 5 厘米，长者可达 40 厘米以上，按结果枝的长度可分为长果枝（＞20 厘米）、中果枝（10～20 厘米）和短果枝（＜10 厘米），但结果枝长短常与品种、树龄、树势、立地条件和栽培措施有关。结果枝上着生混合芽、叶芽（营养芽）、休眠芽和雄花芽，但有时缺少叶芽或雄花芽。结果枝以长度 10～20 厘米、粗度为 1 厘米的结果母枝最好，其坐果率较高，连续结果能力较强。健壮的结果枝顶端可再抽生短枝（尾枝），多数当年亦可形成混合芽。早实核桃结果枝可当年萌发，当年开花结果，称为二次花和二次枝果。结果母枝如任其自然生长，则连续结果几年以后，生长趋于衰弱，结果能力下降，并出现隔年结果现象，或者完全丧失结果能力，最后干枯死亡。因此，对于结果母枝，应根据生长情况适当修剪，以便恢复生长，提高结果能力。

雄花枝：枝较短而弱，一般长仅 5～7 厘米，有时达 10 厘米左右，节间很短。芽密生，顶芽为叶芽，侧芽多为雄花芽。大多发生于二年生枝的中下部或老树的内膛。雄花序脱落后，除保留顶叶芽外，全枝光秃。

（二）主要修剪方法

1. 短截　短截是指剪去一年生枝条的一部分。在核桃幼树上，常用短截发育枝的方法增加枝量。短截对象是从一级和二级侧枝上抽生的生长旺盛的发育枝，作用是促进新梢生长，增加分枝。剪截长为枝长的 $1/4\sim1/2$，短截后一般可萌发 3 个左右较长的枝条。通过短截，改变了剪口芽的顶端优势，剪口部位新梢生长旺盛，能促进分枝，提高成枝力。对核桃树上中等长枝或弱枝不宜短截，否则刺激下部发出细弱短枝，组织不充实，冬季易发生日烧而干枯，影响树势。

2. 长放　即对枝条不进行任何剪截，其作用是缓和枝条生长势，增加中短枝数量，有利于营养物质的积累，促进幼旺树结果。除背上直立旺枝不宜缓放外（可拉平后缓放），其余枝条缓放效果均较好。

长放后拉枝可抽生枝条多而短；不拉枝，只有枝头抽生少量枝，易造成后部光秃，结果部位外移。

长放后，不同品种、不同的枝条，反应不

同。树姿直立品种、直立生长的枝条，只有枝头抽生少量枝，且生长旺盛，中后部不发枝，易造成后部光秃，结果部位外移；而树姿较开张、角度开张的枝条，能萌发大量分枝，坐果率高，结果部位紧凑。

3. 疏剪　将枝条从基部疏除叫疏枝。疏除对象一般为雄花枝、病虫枝、干枯枝、无用的徒长枝、过密的交叉枝和重叠枝等。雄花枝过多，开花时要消耗大量营养，从而导致树体衰弱，修剪时应适当疏除，以节省营养，增强树势。枯死枝条是病虫滋生的场所，应及时疏除。当树冠内部枝条密度过大时，要本着去弱留强的原则，随时疏除过密的枝条，以利通风透光。疏枝时，应紧贴枝条基部剪除，切不可留桩，以利剪口愈合。

核桃树复叶肥大，留枝不能过多，应及时疏除直立旺枝、交叉枝、重叠枝、过密枝、细弱枝、雄花枝、背后大枝，解决内膛通风透光条件，复壮结果枝，提高结果能力。树姿直立的品种上部易发生大量旺枝，应及时疏除；否则，易造成下部枝条枯死，结果部位外移。

4. 缩剪　对多年生枝剪截叫回缩或缩剪。回缩的作用因回缩的部位不同而异，一是复壮作用，二是抑制作用。生产中复壮作用的运用有两个方面：一是局部复壮，例如回缩更新结果枝组，多年生冗长下垂的缓放枝等；二是全树复壮，主要是衰老树回缩更新。生产中运用抑制作用主要控制旺壮辅养枝、抑制树势不平衡中的强壮骨干枝等。回缩造成过大伤口时，对伤口下第一枝有削弱生长势的作用，旺树回缩过重易促发旺枝，生产中应掌握好回缩的部位和轻重程度。

采用不同程度的回缩，都具有复壮伤口下部的作用，回缩的部位及其枝条的粗度对复壮效果则有差异。回缩的部位与剪口下第一枝的着生位置、生长强弱有关，一般剪口下第一枝生长旺、着生位置靠上时，其复壮效果好，否则效果差。

5. 摘心和除萌　摘除当年生新梢顶端部分，可促进发生副梢、增加分枝，幼树主侧枝延长枝摘心，促生分枝加速整形进程。内膛直立枝摘心可促生平斜枝，缓和生长势早结果。常用于幼树整形修剪。

摘心和刻伤的反应：幼树整形阶段，许多核

桃新梢顶芽肥大，优势很强，萌生侧枝及短枝力弱。可在夏季新梢长 60～80 厘米时摘心，促发 2～3 个侧枝，这样可加强幼树整形效果，提早成形。对多年生单轴延伸的枝条，特别是直径为 1 厘米左右的光腿枝，可在年界轮痕以上刻伤，深达木质部，可以促使隐芽萌发新枝，促进枝组丰满。

冬季修剪后，特别是疏除大枝后，常会刺激伤口下潜伏芽萌发，形成许多旺枝，故在生长季前期及时除去过多萌芽，有利于树体整形和节约养分，促进枝条健壮生长。幼树整形过程中，也常有无用枝萌发，在它初萌发时用手抹除为好，这样不易再萌发，如长大了用剪疏去，还会再萌发。

核桃幼树从第二年开始，新梢生长旺盛不摘心，抽枝长度可达 1.5～2 米，应进行夏季摘心，可促进分枝，增加枝量，尽快扩大树冠，增加结果母枝量，提早结果，提早丰产。对生长旺盛的长度达到 60 厘米左右的枝在半木质化以上部位摘心。

6. 开张角度 通过撑、拉、坠等方法加大枝条角度，缓和生长势，是幼树整形期间调节各主枝生长势和改善光照条件、促进花芽分化的常用方法。

四、核桃树的修剪技术

（一）不同类型枝条的修剪

1. 骨干枝修剪 及时回缩交叉的骨干枝，对过弱的骨干枝回缩到斜上方向生长较好的侧枝上，以利抬高延长枝角度。对树高达到 3.5 米左右的及时落头。

2. 结果枝组的培养和更新

（1）先放后缩 即对一年生健壮枝进行长放、拉枝，一般能抽生 10 多个果枝新梢，第二年进行回缩，培养成结果枝组。枝组的分布要疏密均匀，密而不挤，大中小配搭。一般主枝内膛部位，1 米左右有一个大型枝组，60 厘米左右有一个中型枝组，40 厘米左右有一个小型枝组，同时要放、疏、截、缩结合，不断调节大小和强弱，保持树冠内通风透光良好，枝组生长健壮、果多。

（2）**辅养枝改造** 对有空间的辅养枝，当辅养作用完成后，可通过回缩方法培养成大型枝组，一般采用先放后缩的办法，枝组的位置以背斜枝为好。背上只留小型枝组，不留背后枝组。枝组间距离控制在60～80厘米。

结果枝组的更新复壮修剪，其核心是调整枝组内营养生长和生殖生长的矛盾，调节营养枝与结果枝的比例，使枝条发育、花芽分化、开花坐果处于动态的良性循环中。修剪上时刻考虑预备枝的位置，弱枝及时回缩，旺枝适当缓放，维持结果枝组健壮生长的状态。

3. 结果枝组的修剪 结果枝组形成后，每年都应不同程度地短截部分中长结果母枝，控制留果量，防止大小年现象，及时疏除过密枝、细弱枝和部分雄花枝，直立生长的结果枝组剪留不能过高，留枝要少，3～5个即可，将其控制在一定范围内，以防扩展过大影响主、侧枝生长。斜生枝组如空间较大时，可适当多留枝，充分利用空间，及时采用回缩和疏剪的方法，去下留上，去弱留壮，更新结果母枝，使其始终保持生长健壮，防止内膛秃裸，结果部位外移。

4. 背后枝处理 核桃树大量结果后，背上枝生长变弱，背后枝生长变旺，形成主、侧枝头"倒拉"的夺头现象。若原枝头开张角度小，可将原头剪掉，让背后枝取代，若原枝头开张角度适宜或较大时，要及时回缩或疏除背后枝。

5. 徒长枝处理 徒长枝在结果初期一般不留，以免扰乱树形；在盛果期，有空间时适当选留，及早采取短截、摘心等方法，改造成枝组。对于辽核 4 号这样的品种，对上部徒长枝应及时疏除。

6. 二次枝处理 良种核桃易形成二次枝，由于二次枝抽枝晚、生长旺、枝条不充实，基部很长一段无芽，变成光秃带，应及时处理。当有空间时，应去弱留强，并在 6～7 月摘心，控制旺长，促其形成结果母枝，无空间时及时疏除。

（二）不同年龄时期的修剪特点

1. 核桃幼树的整形修剪 核桃在幼树阶段生长很快，如放任其自由发展，则不易形成良好的丰产树形，尤其是早实核桃，分枝力强，结果早，易抽发二次枝造成树形紊乱，不利于正常的生长与结果。幼树期修剪任务是培养牢固骨架和丰产树形。应注意调节各级枝条的从属关系，保持中心干的优势和主枝的健壮生长。中心干用顶芽枝作延长枝，其上多留辅养枝，以加强中心干生长。主枝上应控制竞争枝和背后枝。

核桃树整形通常有疏层形和自然开心形两种，可根据品种特性、土质、肥培管理等的不同，因树因地制宜。

（1）**疏层形** 有明显的中心干，主枝5～7个，树冠大，产量高。适用于直立性强的品种，土壤肥沃深厚，栽培管理条件较好的核桃树。

（2）**自然开心形** 无中心干，主枝数较少，树冠较小，适用于树冠开张、土壤贫瘠或管理条件差的核桃树。依选留主枝数目的不同有两大主枝、三大主枝和多主枝等三种。

2. 结果树修剪 核桃进入结果时期，树冠仍在继续扩大，结果部位不断增加，容易出现生长与结果之间的矛盾，保证核桃达到高产稳产是这一时期的主要任务。因此，在修剪上应经常注意培养良好的枝组，利用辅养枝和徒长枝，及时处理背后枝与下垂枝。

从结果初期开始，有计划地培养强健的结果

枝组，增加结果部位，扩大结果面积，提高幼树产量。进入结果盛期，随着树冠的扩大和结果部位的增加，容易出现生长与结果的矛盾较突出，这一时期的修剪任务主要是调整营养生长与生殖生长的关系，改善树冠内的通风透光条件，从而达到高产、稳产的目的。在修剪上主要是平衡树势，缓放或短截壮枝，缓和其长势，增加枝量，及时回缩更新复壮结果枝，防止早衰。继续培养结果枝组，利用好辅养枝和内膛徒长枝，防止树冠内膛空虚和结果部位外移。及时处理背后枝、下垂枝、密挤枝，防止郁闭。

3. 核桃衰老树的修剪 核桃树进入衰老期后，枝梢和大枝常常枯死，产量逐年下降，应及时更新复壮，延长结果年限。更新的方法主要有：

（1）主干更新（大更新） 将主枝全部锯掉，使其重新发枝，并形成主枝。

（2）主枝更新（中度更新） 在主枝的适当部位进行回缩，使其形成新的侧枝。具体修剪方法：选择健壮的主枝，保留长度 50～100 厘米，其余部分锯掉，使其在主枝锯口附近发枝，发枝后，每个主枝上选留方位适宜的 2～3 个健壮的枝条，培养成一级侧枝。

（3）**侧枝更新**（小更新） 将一级侧枝在适当的部位进行回缩，便形成新的二级侧枝。其优点是，新树冠形成和产量增加均较快。

（三）放任树的修剪

我国核桃产区存在许多管理粗放，只收不管的树因其很少修剪，任其自然生长成为放任树。

1. 放任树的结构特点 这类树的总特点是骨干枝多，树形紊乱，内膛光秃，小枝枯死，通风透光不良，结果部位严重外移，上强下弱，层次不清。

2. 修剪方法

（1）**随树作形，因树修剪，灵活掌握** 对树高 5 米以上的树体先打开"天窗"，逐级落头，注意剪锯口下要有跟枝。对大枝过多，后部光秃的树体，应选 5～7 个方位好、距离适当、生长健壮的大枝作为主枝，其余大枝则重回缩或疏除，但注意不可操之过急，应分年度分批处理，以免造成大伤口过多，削弱树势。领导干明显的可改造培养成疏散分层形，否则培养成自然开心形，避免过分强求树形，大砍大锯，影响产量。对主干偏斜的小树必须扶正，主干歪斜后向上的主枝生长旺盛，背后的主枝往往生长减弱，造成基部主枝生长不平衡。对于强旺枝开大角度，或适当回缩控势，维持各主枝间的协调关系。

（2）分析大枝，合理调整，确定去留　放任树的大枝挤而密，可以将多余的主枝加以回缩改造，作为相邻主枝的侧枝看待，补充空间。树上长树的应及时回缩或疏除，有空间时可拉平改造成侧枝或枝组。

（3）外围枝的处理　外围焦梢的枝条可适当回缩，回缩至大枝上有分枝处，促进内膛萌生新枝，恢复树势。对于衰弱的下垂枝、枯死枝均可疏除以促进营养生长。

（4）结果枝组的培养和更新　经过改造的树，内膛常萌发徒长枝，须及时改造为结果枝组，对过长的枝组在多年生部位缩剪，保留壮枝壮芽，以更新枝组，充实树冠。培养结果枝组要大、中、小结合。

第七讲
核桃树高接换优技术

一、高接换优的重要性

我国核桃栽培历史悠久，但历来主要采用实生繁殖的方式，其株间变异很大，后代分离严重，致使生产上品类混杂、良莠不齐、结果晚、产量低、品质差。自改革开放以来，国家实行退耕还林的政策，极大地促进了核桃面积的增长，但也使实生繁殖方式再度扩张，实现核桃良种化栽培的目标任重道远。

但实践已经证明，实生的核桃低产树通过换优改造是快速推广优良品种、提高核桃产量质量，尽快实现良种规模化栽培的重要途径。一般高接换优后第二年可恢复树冠，第三年可以丰产，发展核桃高接换优是进一步巩固造林成果，加快农民致富的重要技术手段。通过核桃实生树及低产树的高接换优技术，完全可以达到核桃产业的"品种化栽培、园艺化管理、规模化生产、产业化经营"四化目标，而且是核桃产业进入科学、快速、高效发展的新阶段的第一步，意义重大。

二、高接换优技术

（一）品种的选择和选配

优良品种是高接树丰产优质的基础，在品种选择上严格把关，做到品种纯正、来源清楚、质量可靠，才能为核桃产业发展奠定良种基础。欲选定品种必须是经过省级审定、经当地引种试验表现最佳的优良品种。一般我国北方地区目前适于推广的优良品种有辽宁1号、辽宁2号、辽宁3号、鲁光、香玲、中林5号、清香和豫香等。各地应根据当地的立地条件及各品种对自然条件的具体要求重点选用。每个高接园品种不宜太多，以1～2个品种为宜，以免给后期管理和采接穗带来诸多不便。在新发展地区高接时还应注意考虑授粉树的搭配问题，要选择一个花期相遇的品种作为授粉品种，按照 8：1 的比例呈带状配置，以提高授粉受精效果。

（二）砧木选择

应选择树势旺盛、无病虫危害、树龄为 5～15 年生树为对象。对于立地条件较差、树势弱的低产树，应先扩穴改土，加厚土层，树势由弱转强后再进行改接，否则在改接后由于产量提高较快，树体得不到必要的营养补充，会造成早衰或死亡。对于过密的核桃园，可以进行隔株改接，未高接的树，待高接树成活后予以间伐。利用早实品种改接每亩最终保留 20～40 株为宜，晚实品种每亩保留 15～20 株较好。

（三）接穗的采集与贮藏

见第四讲内容。

（四）高接时期及伤流控制

1. 高接时期　枝接以萌芽后至展叶为宜，我国北方地区一般为 4 月中旬至 5 月上旬，越靠北部地区则应适当推迟。因为过早时砧木伤流量大，接穗不能紧贴合，再加之接穗不离皮，难于插合。过晚时（幼果期）树体营养消耗过大，组织分生能力下降，同时影响当年新梢生长量。芽接则在 5 月下旬至 6 月下旬。

2. 伤流控制 伤流是影响核桃枝接成活率高低的关键因素之一。高接时为防止伤流从伤口溢出而影响成活率，主要采取干基部锯伤（放水）的措施，即在干基部或分枝基部用手锯螺旋状上下锯 2～3 个伤口，其深度为树干或主枝直径的 1/4～1/5（注意锯透树皮达木质部），变伤流由伤口上溢出为下部流出。

（五）嫁接方法

1. 物料准备 主要有嫁接工具如嫁接刀、修枝剪、手锯等；包扎材料有乙烯绳（带）、报纸（撕成 4～8 开）、塑料薄膜袋、宽 6～8 厘米的地膜条等。另外，还有油石、细磨石、"人"字梯或高板凳等。

2. 嫁接方法

（1）枝接法 多采用插皮舌接法，分为以下六步。

①放水。在树干基部距地面 20 厘米处或分枝基部，螺旋状交错斜锯 2～3 个放水口，深达木质部，让伤流液流出。锯口深度合计为树干直径的 1/5～1/4，切忌只锯破树皮。若接穗未蜡

封，可采用塑料薄膜保湿插皮舌接法。此法与蜡封接穗插皮舌接法嫁接步骤基本相同，在接穗、砧木插合固定后，用宽6～8厘米的超薄地膜（厚度0.008毫米）条将接穗与砧木接合部位互相缠绕到接穗顶端，芽子部位只缠一层。

②砧木接头的处理。先在欲改接树干（枝）平直光滑处锯断，然后削平断面。在接口处横削2～3厘米宽的月牙状切口，在切口下部由下至上轻轻削去粗老树皮，留厚度为2～3毫米嫩皮，削面略长于接穗削面。

③削接穗。将蜡封好的接穗下端削成薄6～8厘米舌状马耳形平滑削面。刀口一开始要向下切凹，并超过髓心，然后斜削，保证整个斜面较薄。

④插接穗。用手捏开接穗削面前端的皮层，沿月牙状切口将接穗的木质部轻缓插入砧木木质部与皮层之间，露白0.5～1厘米，使接穗皮层敷贴在砧木嫩皮上。接口直径小于3厘米时，插1根接穗；4～6厘米时，插2根；7厘米以上时，插3根。

⑤绑扎。用塑料薄膜袋将接口包严，然后用

乙烯绳（带）绑缚 4～5 圈，以绑紧绑牢为度。若接穗顶端髓心没有蜡封严，可用 6～8 厘米宽的地膜条将其缠严。

⑥遮阴。用 4～8 开报纸卷成筒状（直径8～12 厘米，高 25～30 厘米），套在接口和接穗外面，上端高出接穗 4～5 厘米，下端在接口下部绑牢，上端口扎紧。

（2）芽接法 主要采用方块芽接法，分为以下六步。

①砧木处理。先在嫁接部位上方留 2～3 片复叶剪砧，接口以下复叶全部去除。

②取芽片。接芽以接穗中上部无芽柄、周围较光滑的饱满芽为佳。用普通单刃芽接刀先将叶柄贴接芽基部削去（利于绑缚），在接芽上方 0.5 厘米处和叶柄基部下方 0.5 厘米处各横切一刀，在芽的左右两侧各竖切一刀，与上下横切口相连，形成长方形芽片。然后用拇指及食指捏住叶柄基部，逐渐用力横向推动将芽片取下，尽量不强行揭皮，以保全生长点。芽片一般长 1.5～2.0 厘米，宽 0.8～1.2 厘米。

③切砧木。在砧木的半木质化新梢光滑处，

用芽接刀先横切一刀做上切口，然后手持芽片叶柄基部，将芽片上端与上切口对齐，沿芽片下端横切一刀做下切口，再在上下横切口的左边纵切一刀呈"匚"形。土壤湿度大或即将下雨时，在下切口的右下角处撕去宽2～3毫米、长2～3毫米的窄条树皮作放水口。

④嵌接芽。剥开砧木皮，将芽片由左向右嵌入切口，并使上、下、左三个方向紧密相贴，再按芽片宽度撕去多余的砧皮。

⑤绑扎。按平芽片并以拇指压住，用3～5厘米宽的塑料薄膜条（厚度0.008毫米）自下而上包严绑紧（不可将放水口下端包严），仅留芽眼外露。

（六）接后管理

1. 放风 春季枝接后20～25天接穗开始萌发抽枝，这时每隔2～3天观察1次，当新梢长到报纸筒顶部时，可将顶部打开一铅笔粗的小口，让嫩梢尖端钻出。放风口由小到大，逐步打开，不可一次撕开，更不可将报纸筒过早去掉，当新梢伸长5厘米以上时，全部打开上口。

2. 除萌 接穗萌发后，及时抹除砧木上的萌芽。对高接后 25 天接穗仍未萌芽，且已确认接穗已死亡的植株，可选择发育健壮、着生部位适宜的 1～2 个萌芽的砧枝，加以保留，以便补接。

3. 剪砧 芽接后 15 天左右接芽开始萌发，可在接芽上方 2～3 厘米处剪砧。

4. 绑防风柱 当新梢长到 30 厘米时，可在接口处绑缚 1～1.5 米长的支棍，采用"∞"形活绳扣把新梢绑在支柱上，随着新梢的伸长应绑缚 2～3 次。

5. 松绑 枝接后的新梢长到 15～20 厘米时，将接口处的绑绳松绑 1 次，但不能将绑缚物去掉。8 月下旬以后，若接口愈合牢固，可将绑缚物去除。芽接的新梢长到 3～5 厘米时，要及时从接口背面割断塑料绑条。

6. 摘除雌、雄花 高接树成活后，对接穗上萌发的雄花和雌花要及时全部摘除。

7. 疏枝、摘心 对接穗基部萌发的新枝，要及时疏除过密、交叉、重叠、细弱、着生位置不当的枝条，以确保选留枝条健壮生长。新梢生长到 40 厘米时，及时摘心。对摘心后萌发的侧枝，每个枝条除选留 2～3 个方位、距离合适的侧枝外，其余抹除。

8. 扩盘改土 对于生长在地势平缓、长期荒芜、杂草丛生的高接树，每年早春或秋季在树冠下翻耕 1～2 次，深度 15～20 厘米；立地条件差、坡度较大的地方，要通过挖鱼鳞坑、水平台、修筑树盘等工程措施，达到蓄水保墒，改良土壤，消灭虫卵、杂草的目的。

9. 增施肥料 秋末或早春结合深翻，在树冠下挖环状或辐射状沟槽，深 30～40 厘米，施入基肥，然后埋土覆盖。高接后 1～3 年每株施农家肥或人粪尿 30～50 千克，花前花后追施磷酸二铵 0.5～1 千克。还可根据实际情况在树下间作绿肥，于绿肥花蕾期全园深翻埋入土中。

10. 病虫害防治 害虫主要有金龟子、木橑尺蠖、刺蛾、缀叶螟、云斑天牛等，要及时捕杀云斑天牛成虫，并选用 80% 敌敌畏乳油 1 000 倍液、2.5% 敌杀死乳油 3 000 倍液或 10% 高效氯氰菊酯乳油 3 000 倍液等药液喷布叶面 2～3 次。病害主要有黑斑病、炭疽病、枝枯病、腐烂病等，可于发病期喷布 70%的甲基硫菌灵、40%多菌灵 700 倍～1 000 倍液。枝接树 5～6 月或冬季用涂白剂（生石灰 5 千克、硫黄粉 0.5 千克、食盐 0.25 千克、水 20 千克）涂刷枝干和接头。

第八讲
花果管理技术

我国核桃产区，立地条件复杂，气候变化剧烈，气候、土壤、生物等各种环境因子对核桃树体的生长发育都会产生影响，要保证核桃的优质丰产，需要做好花果管理工作。适时做好核桃的保花保果、疏花疏果等工作，使其合理结果，避免结果过多或过少，是核桃树丰产、稳产、优质的重要措施之一。

一、保花保果技术

(一) 落花落果的原因及其措施

核桃雌花末期，子房未经膨大而脱落者为落花；子房发育膨大而后脱落者为落果。核桃多数品种或类型，落花较轻，落果较重，但也有落花较严重的情况。通常，核桃大树产量低而不稳的主要原因是落花落果严重。据研究报道，核桃落花落果率一般在 40%～90%。核桃落花落果在一年内有 3 次高峰，第一次在花后 2～3 周，占落花落果总量的 50%～70%；第二次在花后 4～6 周，占落花落果总量的 30%～40%；第三次在花后 6～10 周，占落花落果总量的 10%～20%。引起核桃落花落果的原因主要表现在：

1. 管理水平低，树体营养缺乏 核桃树栽植在土壤瘠薄的山地，或栽后管理十分粗放，肥水不足，修剪不当，病虫危害较重，都会造成树体营养积累不足。树体营养尤其是贮藏营养水平的高低，直接影响核桃花芽分化的进程。由于树体营养不足，会使花器的发育受到影响，只在树冠外围及下部结少量的果实，内膛的果实几乎全部脱落。另外，在肥水充足的情况下，特别是氮肥过多，枝条徒长，导致生殖生长和营养生长不协调，也会引起大量的落花落果。

2. 授粉条件不良 核桃属雌、雄同株异花，风媒传粉，同一株树上雌花和雄花开放时期绝大部分不会相遇，某些品种同一株树上，雌、雄花期可相距 10 多天，零星栽种的核桃树更为严重。

自然授粉受自然条件的限制，每年坐果情况差别很大，而且北方地区春季气温变化剧烈，一旦寒流侵入，温度急剧下降至 0℃以下，花器就会受冻，从而失去授粉受精能力。另外，主栽品种与授粉品种的距离应在 300 米以内，超过 300 米时授粉受精不良或不能授粉，且有些新建的核桃品种园，未配置授粉树，而幼龄的核桃树仅开雌花，3～4 年以后才出现雄花，若不进行人工辅助授粉，也会大量落花落果。

3. 雌花芽留量不合理 雌花芽过多的核桃树，修剪时如留雌花芽过多，就会因树体积累的养分不足而迫使花朵或幼果互相争夺养分，从而出现大量的无效花和自疏果，造成"满树花、半树果"，既白耗养分，又消耗大量养分而不能丰产。

4. 恶劣天气条件 引起落花落果的恶劣天气主要有倒春寒、大风、暴雨、冰雹及沙尘天气。核桃花芽从萌动到开花期，正值北方产区的倒春寒天气，较长时间的低温使核桃花芽极易被冻伤甚至冻死，造成灾难性的损失。在核桃花期，若遇连阴天、扬沙尘天气，可降低花粉的散粉率，使授粉受精过程受阻。另外，花期大风天气也是造成落花落果的因素之一。

（二）保花保果措施

针对核桃落花落果的原因，以预防为主，防、治、管相结合。加强土壤管理为主，结合喷施微肥、生长调节剂使核桃生长处于中庸状态。外界灾难性天气和不可抗拒因素，原则上应以预防为主，通过增强树势提高抵抗不良环境的能力。另外，就是培育晚花、抗寒、耐湿、生育期短的优良品种。具体可采取以下措施。

1. 加强果园综合管理，配置好授粉树　核桃园要多施有机肥，以增强树势，提高树体贮藏养分水平，促进花芽分化，同时注意氮、磷、钾肥配合使用，有利于提高高质量花的比率，从而减少落花落果。幼旺树少施氮、增施磷钾肥，成年树氮、磷、钾肥合理配合使用，多施有机肥。对花量大的树，要进行花期追肥，花后叶面喷施 $0.1\%\sim0.3\%$ 尿素。实行以夏剪为主，冬剪为辅的方法，减少树冠郁闭，改善光照条件。夏剪时剪除过弱、过密花枝，留下的花要进行疏蕾疏花，使养分集中，有利于坐果。

2. 根据实际情况，多留花芽 对花芽少的"小年树"和强旺树，修剪时要尽量保留花芽和幼果，必要时"见花就留"，使其多结果、坐稳果、结大果，以提高产量。因此，在核桃整形修剪时，不要过分强调树形而剪除过多的花芽。

3. 疏花疏果 核桃的花芽是结果的物质基础，适时做好保花保果和疏花疏果工作，使其合理结果，避免结果过多或过少，是使核桃树丰产、稳产、优质的重要措施。保花保果是直接采取各种措施保留花芽、幼果，疏花疏果是用"疏"的手段来达到"保"的目的。

4. 花期喷硼和生长调节物质 硼是果树不可缺少的微量元素，它能促进花粉发芽、花粉管生长、子房发育、提高坐果率和增进果实品质。因此，核桃盛花期喷 1 次 300～350 倍硼砂加蜂蜜或红糖水，除可满足树体所需要的硼元素外，还可增加柱头黏液，使花粉粒吸收更多的水分和养分，从而提高受精率和坐果率。但应注意硼砂不溶于冷水而溶于 30℃ 的水，在喷前先用 30℃ 的水溶化后，再兑水变为常温后喷施。

花期喷硼酸、稀土和赤霉素也可显著提高核

桃树的坐果率。据试验，盛花期喷赤霉素、硼酸、稀土的最佳浓度分别为 54 克/千克、125克/千克、475 克/千克。3 种因素对坐果率的影响程度大小次序是赤霉素＞稀土＞硼酸，同时喷施后，可增产 55％。另外，花期喷 0.1％～0.3％尿素、0.3％磷酸二氢钾 2～3 次可改善树体养分状况，促进坐果。

（三）疏花疏果措施

疏花疏果是提高核桃树产量和品质的主要技术措施。该措施可以节省大量的养分和水分，不仅有利于当年树体的发育，提高当年的坚果产量和品质，而且也有利于新梢生长、花芽分化，保证翌年的产量。疏果时间，可在生理落果以后，一般在雌花受精后 20～30 天，即当子房发育到1～1.5 厘米时进行为宜。

人工疏果仅限于坐果率高的早实核桃品种，尤其是树弱而挂果多的树。先疏除弱树或细弱枝上的幼果，也可连同弱枝一同剪掉；每个花序有3 个以上幼果时，视结果枝的强弱，可保留 2～3个；留果部位在冠内要分布均匀，郁闭内膛可多疏。

二、提高坐果率的措施

由于核桃所处的立地条件和本身的生物学特性，以及树体营养水平低，授粉品种配置不当，或缺少授粉树、管理粗放、花芽分化不良、病虫害严重等原因均可造成坐果率降低。

（一）选择抗寒性强的品种

核桃的优良品种很多，但其对低温的适应性有一定差异。因此，在核桃建园之初应进行品种规划，选择对当地气候条件适应性强的品种。适应性差的优良品种应当种植于气候条件较温和的地区，对生产上品种适应性及品质均差的大树应予以高接换优，淘汰劣种，发展良种。

（二）合理配置授粉树并辅之以人工授粉

雌雄异熟性决定了核桃生产中配置授粉树的重要性。新建的核桃园基本上都配置有雌先型和雄先型相互搭配的授粉树，可保证正常授粉。但一般粗放管理的核桃园，或高接换优园，却往往忽视了授粉品种，故应在园区高接特定的授粉树以改善授粉条件。

为了提高核桃的坐果率，增加产量，可进行人工授粉。据研究，在雌花盛期进行人工授粉，可提高坐果率 17.3%～19.1%，进行两次人工授粉，坐果率可提高 26%。

（三）树体喷水补肥

花期树体喷水增加了空气湿度，降低花粉及柱头因干燥而失水失活的比率，因此可以提高坐果率。开花坐果期树体喷施 0.1%～0.2% 硼肥，可促进花粉管的伸长。喷施 0.1%～0.3% 尿素或磷酸二氢钾也可促进坐果，减少落花落果的发生。研究证明，施用生长调节剂和稀土液等技术措施，均能在一定程度上提高坐果率。据报道，对四十年生山地结果核桃大树，喷施两次 5～7 毫克/升 IAA（吲哚乙酸），坐果率可比对照树提高 22.7%；八年生晚实核桃嫁接树喷施 1 000～2 000 毫克/升多效唑，其单株平均产量可比对照株提高 10%～64.9%，持效期可达两年以上；在雌花初期喷施 300～800 毫克/升 NL-1 号稀土，可比对照增产 48.6%～66.5%。

（四）加强树体的综合管理

在合理施肥、深翻土壤的基础上，加强病虫

害防治，保护好叶片，增强树势。另外，在柱头枯萎后每隔 15 天左右喷施 1 次 0.1%～0.3%尿素或磷酸二氢钾，连喷 2～3 次，能促进果实迅速膨大，有效提高果实品质。

（五）其他提高坐果率的技术

在 5 月中下旬对旺树辅养枝基部或主干上进行环剥，宽度不超过 0.6 厘米，可缓和树势，提高坐果率并促使剥口下萌发新枝。这些措施在陕西商洛山区已实行多年，故有"砍一镰，结得繁；砍一斧，压断股"之说。

三、核桃树疏除雄花（疏雄）

（一）疏雄的意义

成龄核桃树雄花数量大，远远超出授粉需要，雄花芽发育需要消耗大量的水分、糖类、氨基酸等。疏除核桃树上过多的雄花芽称为疏雄。疏除雄花可节省大量的水分和养分用于雌花的发育，从而改善雌花发育过程中的营养条件，提高坚果的产量和品质，同时也有利于新梢的生长和花芽分化，保证翌年的产量。据中国林业科学研究院分析中心测定，一个雄花芽干重为 0.036 克，达到成熟花序时干重增加到 0.66 克，增重 0.624 克，其中含氮 4.3%，磷 1.0%，钾 3.2%，粗脂肪 4.3%，全糖 31.4%，灰分 11.3%。如果一株核桃树疏去 90% 的雄花芽，可节省水分 50 千克左右，节约干物质 1.1～1.2 千克。从某种意义上说，疏除雄花芽是一项逆向灌水和施肥的措施。疏雄对核桃树的增产效果十分明显，坐果率可提高 15%～20%，产量可增加 12.8%～37.5%。

另外，过多的雄花会消耗大量树体营养，但雄花序本身也有营养可作为山野菜予以开发，有一定经济效益。

（二）疏雄的时期和方法

疏除雄花芽时期原则上以早疏为宜，一般以雄花芽未萌动前的 20 天内进行为好，即雄花芽开始膨大时最佳；休眠期雄花芽比较牢固，操作麻烦，雄花芽伸长期疏雄则效果不明显。疏雄后，核桃雌花序与雄花序之比为 1：（5±1），使雌花序与雄花（小花）之比达 1：（30～60），但对栽植分散和雄花芽较少的树、刚结果的幼树，可适当少疏或不疏。据有关资料报道，一个雄花序有小花（117±4）朵，每朵小花有雄蕊12～26枚，花药2室，每室有花粉900粒，这样计算起来每个雄花序有花粉粒180万。虽然花粉发芽率只在5％～8％，但留下的雄花序完全能满足授粉的需要。

疏除雄花芽时，用长1～1.5米带钩木杆，拉下枝条人工掰除即可，也可结合修剪进行。

四、花期防霜冻

（一）晚霜危害

我国北方地区，时常有大风降温和寒流天气出现，造成晚霜危害。其结果导致核桃的花期发生冻害，造成减产甚至绝收。这是核桃生产中必须要考虑解决的一个重要问题。

同其他果树一样，休眠期核桃可耐-28～-20℃的低温。但在展叶至开花期，核桃对低温的忍耐力急剧下降，若遇低温（冻害）或晚霜冻，0℃以下的低温会使花芽、花、幼果等生殖器官受到冻害，未成熟枝条及新梢也会产生严重冻害，有时皮层变黑，干枯死亡。因此，在建核桃园时一定要避开频繁发生霜冻的地区，在干燥通风处建园，选用抗寒品种和晚花品种，同时在花期和幼果期要注意天气变化，低洼地更应注意，做到早预报、早预防。

（二）防止霜冻的措施

1. 选择适宜的园地和品种 要参照当地农业气候区划成果，合理进行产业布局，选择不利于冷空气堆积的有利地形，抗避低温霜冻危害。一般山区或洼地冷空气易聚集，常造成霜冻，因此应尽量避免在低洼地区建园，而应选择缓坡地带，并营造好果园防风林。

同时，要增加防冻害科研投入，培育抗寒、耐寒高产核桃品种，扩大种植面积。选用抗霜冻能力强、花期较晚、生长期短的品种，是避免晚霜的重要途径。另外，增施有机肥，搞好病虫防治、合理负载等，可增强树势，提高树体营养水平，从而提高抗寒能力。

2. 熏烟 这是一种传统的防霜冻措施。熏烟后可在树体周围形成烟幕，包含大量二氧化碳及水蒸气，可有效地防止园地上热量的散失，防止园内温度下降，使树体处于稳定的气温环境中；同时烟粒吸收湿气，使水汽凝成液体而放出潜热，从而阻止了霜冻的形成。

通常用作熏烟堆的材料由农作物秸秆、枯枝落叶及杂草组成。这些材料要有一定的湿度，也可在秸秆上洒一层薄土，留出点火及出烟口，根据气象部门预报霜冻的时间，即可点火发烟，保护核桃园免受冻害。一般每烟堆用材料 30～50千克，每亩置 4～6 个发烟堆即可。此种方法发烟量大，简便易行，效果好。通常霜冻多发生在凌晨 3～5 时，在核桃花期应当认真收听天气预报，提前设置烟堆。分配专人值班，观测气温，特别是低洼地带的气温变化，当气温降至－1.5℃，而且还在继续下降时，即可点烟。通过熏烟，可提高果园气温 2℃以上，预防霜冻发生。

也可用专用发烟剂熏烟，其方法为硝酸铵20％～30％、锯末 50％、废柴油 10％、细煤粉10％掺混，用废报纸卷成筒状，以便于携带，要备足数量以便能持续熏烟，当温度降至 2℃ 时，将备好的熏烟剂点燃，均匀分散在果园内，可有效地减轻或防止晚霜危害。

3. 地面灌水和树体喷水　萌芽前灌水，可降低地温，推迟萌芽，避过霜害；晚霜来临前，在水利条件较好地区，可根据天气预报及时给树体灌水，或直接给树体喷水。水的比热高，气温低于 0℃ 时，通过灌水或喷水，可提高核桃园的空气湿度，延缓园区降温速度。树体喷水后也可以延迟花期，减缓冻害的危害程度，若喷洒 0.3%～0.5% 蔗糖水溶液效果更好。

当水中含盐而成盐溶液时，其冰点温度下降。在霜冻发生时，树体喷盐水，可防止空气中的水汽在枝条上结霜，避免了霜冻对枝条和花芽的危害。据试验，休眠期至发芽期，常用的食盐水溶液的浓度为 0.5%～2%，休眠期浓度可高，萌芽期应低，否则易引起盐害。

4. 主干涂白和枝条喷石灰乳　冬季主干涂白，可减少树体地上部分吸收太阳的辐射热，使树体温度上升较慢，从而推迟萌芽和开花期，避免晚霜危害，同时还具有抗菌、杀灭虫卵和幼虫、防日灼的作用。涂白剂配制方法：生石灰 5 千克，硫黄 0.5 千克，菜籽油 0.1 千克，食盐 0.25 千克，水 20 千克，充分搅拌均匀后涂刷树干基部。

结合主干涂白，给树体枝条喷布石灰乳，可有效地反射阳光，降低树体温度，延迟花期 5～6 天，从而可躲过霜冻。石灰乳的制作：50 千克水加 10 千克生石灰，搅拌均匀后，再加入 100 克柴油做黏着剂，可增加在枝条上的吸附力。

5. 覆盖树体 此法较适用于零星核桃幼树。在霜冻到来之前，用草帘、塑料布等覆盖幼树或给幼树绑缚草把，避免晚霜害；对初果果园及难以覆盖的果园可以在果园周围及行间树立草障以阻挡外来寒气袭击，保持地温。

6. 喷施化学药剂 萌芽前向树冠喷洒 0.005％萘乙酸钾盐溶液，萌芽期喷洒 0.5％氯化钙溶液，花前喷 200 倍的高酯膜，可使核桃树花期延迟 5～7 天，有效地防止花期晚霜危害。在霜冻来临前，给核桃树体喷施防冻剂和保果素，也可预防低温霜冻危害和保花保果。

第九讲
核桃园的土肥水管理

土肥水管理是核桃园管理的一个重要环节，对于提高树体营养水平，实现早果、丰产和优质十分关键。特别是对于干旱、瘠薄等立地条件较差的核桃园，进行深翻改土、间作绿肥等技术措施来培肥土壤则显得尤为重要。

一、改土与间作

（一）丰产核桃园土壤的基本特征

土壤是核桃树赖以生存的基础。丰产核桃园土壤一般具备如下特征：土层深厚，土壤疏松，具有一定厚度的活土层（60厘米以上），土壤有机质含量高，保水供肥能力强。核桃属于深根性树种，根系的集中分布层在地面以下20～60厘米，一般要求土层厚度大于1米，以确保根系和树体正常生长。土层深厚、土壤疏松的环境条件利于核桃根系的发育，从而可促进地上部的生长，实现丰产优质的目的。土壤有机质含量高是丰产核桃园另一重要特征。但目前我国多数核桃园的有机质含量在1%以下，因此需要大量施用优质有机肥来提高土壤有机质含量。

总之，要通过各种土壤改良措施，加深土壤中活土层的厚度，改善土壤理化性状，提高土壤有机质含量，扩大核桃根系集中分布层的范围和增强根系吸收利用养分的能力，是核桃园土壤改良的主要任务。

（二）深翻改土

深翻改土是核桃园改良土壤的主要技术措施之一，适用于土壤条件较差的地区。通过深翻一方面可以起到蓄水保墒、改善土壤结构的作用；另一方面可以增强土壤微生物的活动，加速土壤熟化，提高土壤肥力。深翻改土为根系创造了良好的生长条件，提高了树体的吸收能力，从而促进核桃的生长与结果。

深翻最适宜的时间是在果实采收以后至落叶以前。由于采果前后正是根系生长的高峰，此时深翻对根系造成的伤口容易愈合，部分根系被切断能刺激长出一定数量的新根和须根，配合施肥灌水效果会更好。也可在夏季结合压绿肥、秸秆进行深翻，以增加土壤有机质改良土壤。

深翻分为扩穴深翻和全园深翻。扩穴深翻结合秋施基肥进行，核桃幼树在定植 2～3 年后，逐年向外深翻扩大栽植穴，直至株间全部翻遍为止，一般需要 3～4 年完成全园深翻。成龄树在树冠垂直投影边缘处每年或隔年挖环状沟或平行沟，沟宽 40～50 厘米，深 60～80 厘米，控沟时以不伤粗度 1 厘米的根为度。表土与心土分别放在沟两侧，沟底垫秸秆，土壤回填时混以有机肥，表土放在底层，底土放在上层，然后充分灌水。

改土主要是针对沙土、黏土和盐碱土等不良土壤进行的改良措施。如果核桃园是在河滩地建园，则必须进行抽沙换土或压土。抽沙换土时按行距抽去 1 米宽、30 厘米深的沙，换上同体积的壤土，然后上下翻搅均匀，深度为 50～60 厘米。压土时，全园普遍压 30～40 厘米厚的壤土，然后深耕或深翻，使沙与土混合。有些纯沙土地，在 30～40 厘米以下为黏土，要通过深耕把下层黏土翻上来与上层的沙土混合。沙土要大量增施有机肥和种植耐瘠薄的绿肥，以改良土壤理化性状。耕作层是黏土的核桃园最好采用掺沙换土的方法来增加土壤的通透性，改善供肥能力，同时多施腐熟的有机肥以改良土壤结构和提高土壤有机质含量。对于盐碱地的核桃园要以增施有机肥为主，适当控制化肥的使用量，同时结合秸秆还田、种植耐盐碱绿肥等方法，减轻盐碱危害。增施磷肥，适量施用氮肥，少施或不施钾肥。碱性土壤应多施生理酸性肥料以改良土壤，如过磷酸钙、硫酸铵等。

（三）合理间作

间作是一种重要的栽培模式。合理的间作可以充分利用空间、土地、光能，提高经济效益，特别是提高幼龄核桃园的早期效益。

间作的种类和方式以不影响核桃的生长发育为原则。根据间作物的种类不同可以划分为：果粮间作、果菜间作、果药间作和果肥间作等不同的模式。要根据当地的立地条件、管理水平，以及种植和销售习惯选择合适的间作物。

果粮间作是一种传统的间作模式。粮油作物具有生长季节短、成熟早、易于耕作等特点，在立地条件好、肥力高的地块可以实行果粮间作。常用的作物种类有大豆、各种杂豆、马铃薯、油菜、花生等。果粮间作能够有效促进核桃成花，提高单株产量，因为通过深翻、松土、除草、施肥等措施，促进了核桃成花、坐果。同时，由于豆科植物的固氮作用，可以有效地增加土壤含氮量，促进核桃树的生长与结果。

果药间作是提高核桃园经济收入的一项重要途径。由于中药材经济价值高，收入可观，且符合当前国家的产业政策，因而成为当前核桃园间作的主选项目之一。常用的药材种类有丹参、桔梗、柴胡、板蓝根、黄芩、白术、生地、金银花等。

果菜（瓜）间作一般是在紧邻城镇且有灌溉条件的核桃园中进行。常用的种类有胡萝卜、白萝卜、大白菜、甘蓝以及各种瓜类等。

果肥间作。间作绿肥是培肥和充分利用核桃园土壤的有效措施。绿肥作物易栽培，产量高，肥效好，是一种优质肥源。在立地条件较差、肥源不足、树势衰弱的核桃园，可在园内隔年间作绿肥作物，于开花现蕾期，通过中耕埋入土中，以起到增加土壤有机质、改善土壤理化性质的效果。毛叶苕子、草木犀、苜蓿等绿肥作物都适合核桃园间作。

间作时应采用带状或者全园间作。不管采用哪种形式，树下要留出直径 1 米以上的树盘，注意轮作。随着树冠的扩大，逐年减少间作面积。定植 5～6 年后，树冠基本郁闭时，去除间作物。对间作物每年都要进行松土除草、施肥、灌水等，防止荒芜或与树体争水争肥。

二、土壤管理

(一)清耕休闲制

清耕休闲制是一种传统的果园土壤管理制度，目前在生产中仍被广泛应用。实行清耕休闲制的果园内不种其他作物，在秋季深耕、春季浅耕、生长季多次中耕除草，耕后休闲，使土壤保持疏松和无杂草的状态。

清耕休闲法在短期休闲能改善土壤中的水

分、空气和营养状况，促进微生物活动和有机物的氧化分解，从而起到增加营养的作用，便于果园管理和病虫害防治。但是如果长期采用清耕法，会使土壤结构遭到破坏，有机质减少；并在耕作层之下形成紧实的心土层；坡地清耕还容易造成水土流失。因此，对于有机质含量偏低的核桃园来说，应当考虑改变传统的耕作方法，结合果园生草、覆草等技术来提高土壤有机质含量。

（二）核桃园生草

核桃园生草是一项先进、实用、高效的土壤管理方法，特别适合水土流失严重、土壤贫瘠的核桃园，同时也是生产绿色果品和无公害果品的重要技术措施之一。与其他土壤管理方法相比，核桃园生草具有较好的综合经济效益，可以防止和减少土壤水分流失，增加土壤有机质含量，提高土壤肥力，改善土壤理化性质，调节土壤温湿度，有利于核桃树根系的生长和吸收活动。

核桃园生草可以是全园或带状人工生草，也可以是除去不适宜种类杂草的自然生草。生草地不再有除刈割以外的耕作。人工生草主要采用直播法。树行间的生草带的宽度应以核桃树株行距和树龄而定，幼龄园生草带可宽些，成龄园可窄些。人工生草适合的草种有：白三叶草、扁茎黄芪、鸡眼草、多变小冠花、草地早熟禾、匍匐剪股颖、野牛草、羊草、结缕草、猫尾草、草木犀、紫花苜蓿、百脉根、鸭茅、黑麦草等。人工生草可以使用单一草种，也可以使用两种以上的混合草种。通常多选择白三叶草与早熟禾混种。白三叶草属豆科植物，有固氮能力，能培肥地力；早熟禾耐旱，适应性强，两种草混种能发挥各自的优势，比单一草种效果好。但白三叶耐旱性差，旱地果园种的白三叶，一般死苗率都在30%以上。因此，要根据核桃园的土壤条件和核桃树龄大小因地制宜选用草种。

自然生草是利用果园自然杂草的生草途径，生长季节任杂草萌芽生长，人工铲除或控制不符合生草条件的杂草，如灰菜、千里光、白蒿、白茅等高大草种。

实施核桃园生草是核桃园土壤管理的高效方法，但生草后必需加强管理，才能发挥果园生草的综合效益，达到丰产优质的目的。因此，在草种出苗后，应根据墒情及时灌水，随水施氮肥，及时去除杂草。有断垄和缺株时要注意及时补苗。一般草长到 30 厘米以上时应及时刈割，一个生长季刈割 2～4 次。通过刈割，可控制草的高度，促进草的分蘖和分枝，提高覆盖率和增加产草量，割下的草覆盖树盘。草留茬高度与草的种类有关，一般禾本科草要保住生长点（心叶以下），而豆科草要保住茎的 1～2 节。草的刈割采用专用割草机。秋季长起来的草，不再刈割，冬季留茬覆盖。

（三）核桃园覆草

果园覆草是旱地核桃园实现优质高产的重要技术措施。果园覆草具有提高土壤肥力，改变地下水、气、热环境，抑制杂草生长，减少病虫害发生和减少锄地用工的作用，可为核桃树根系乃至整个树体创造良好的生长发育环境，促进树体生长发育和提高核桃的产量和品质。

核桃园在一年四季均可进行覆草，以春季、麦收后或秋收后为宜，最好在草源丰富的季节进行。一般在沙地、旱薄地多在春季土温回升后，20 厘米土层处地温达到 20℃时覆盖，黏土地、肥力好的地块上，20 厘米土层处地温达到 22℃

时覆盖比较合适。密闭和不进行间作的成龄核桃园应采用全园覆草，幼龄核桃园宜局部覆草，主要覆盖树盘或树行。杂草、树叶、作物秸秆和碎柴草等均可用来覆草，铡碎后均匀地铺在行间和树盘下，草要盖到根系主要分布区即树冠外缘以内。覆草厚度一般15～20厘米，春季覆草后一定要压少量土，以防风刮和火灾。在春季覆干草，夏季压青草。局部覆草每亩覆干草1～1.5吨，鲜草一般2～3吨；全园覆草分别为干草2～2.5吨或鲜草4吨。

覆草前结合深翻或深锄浇足水，根据树龄大小，株施氮肥0.2～0.5千克，以满足微生物分解有机物对氮肥的需要。覆草后秋施基肥时不要将草翻入地下，草要每年加盖。追肥时可扒开覆草，采用多点穴施的方法，并随肥灌水。土层薄、肥力差的果园可采用挖沟深埋与覆草相结合的方法，连覆3～4年后耕翻1次，施足基肥，翌年再覆。

（四）地膜覆盖

地膜覆盖作为果园土壤管理的一种形式，近些年来应用面积越来越大，显示出广阔的应用前景。在核桃幼园采用地膜覆盖的栽培方式可影响核桃发育的物候期，延长核桃生长期促进核桃幼树成花、坐果。通过地膜覆盖，可有效地改善土壤理化性状，提高土壤温度及增加土壤热量积累，从而促进核桃树营养生长和花芽分化；可减少水分淋溶，增加土壤的通透性，利于微生物活动，因而能够提高速效养分含量；可减少风吹雨淋、人工践踏，使土壤保持较疏松状态。另外，地膜覆盖可使反射光线增强，特别是早晚散射光线增加，有利于提高核桃光合作用，增加干物积累量，有利于成花、坐果。

地膜覆盖是在核桃树的行株间覆盖地膜，并在膜上打孔，以利雨水渗入。地膜覆盖的最佳时间是在秋季。早春覆膜弊少利多。早春覆膜可基本完好地保持到夏末，而夏季温度高、雨水多，覆膜容易造成土壤温度过高、湿度过大，不利于核桃生长。而到了需要地膜来增温保墒的晚秋，早春覆的地膜多已严重毁坏，难以起到应有的作用。而秋季土壤水分充足，覆膜有足墒可保，能够减轻晚秋及冬春的干旱，延长根系的生长活动时期，增加果树根系的新根数和总根量，促进地上部有机同化物的回流及氨基酸等在根系的合成，增加根系对养分的储藏。覆膜若与施基肥结合起来，可增强秋施基肥的效果，同时有效延长土壤生物的活动时间，促进养分的分散与释放，提高树体营养，为果树安全越冬及翌年生长提供良好条件。秋季覆膜到了冬季还可起到保温防冻的作用，春季亦可发挥覆盖的效果，到夏季地膜已损坏，不存在不利影响。

但值得注意的是，有试验表明，在干旱寒冷的地区，秋冬季进行核桃幼树的地膜覆盖反而会加重幼树的越冬冻害。由于覆膜地具有较高的温度，幼树根系活动旺盛，休眠程度浅，易造成冻害，应采取其他措施防止冬季土壤干燥以保水、保墒。

三、 核桃的需肥特性

核桃喜肥，但不同龄期和不同物候期的需肥量都不尽相同。核桃树的个体发育可分为 4 个阶段，即幼龄期、结果初期、盛果期和衰老期。幼龄期，营养生长占主导地位，主干、枝条和根系的加长、加粗生长迅速，为转入开花结果蓄积营养。此期对氮肥的需求量大，必须保证足够的养分供应，同时注意磷、钾肥的施用。结果初期，营养生长开始减缓，生殖生长迅速增强，树体继续扩根、扩冠，结果枝大量形成，产量逐年增加，各种养分需求量增大，特别是磷、钾肥的需求量增大。到盛果期，营养生长和生殖生长达到相对平衡，树冠、根系达到最大范围，枝条、根系开始出现更新，树体需要大量营养，除保证氮、磷、钾的供应外，增施有机肥是保证高产稳产的重要措施之一。衰老期，产量开始下降，新梢生长量很小，内部结果枝组大量衰弱直至死亡，此期可结合更新复壮修剪，加大氮肥的施用量，促进营养生长，恢复树势。

核桃的需肥期与物候期有关。春季萌芽期新梢生长点较多，生长量大，对氮的需求量较大；花期生殖生长对磷的需求量较大；坐果期养分运输量大，需钾较多。核桃的 3 个养分需求关键期分别在萌芽期、谢花期和硬核期。在整个年周期中，开花坐果期的养分需求量最大。春季核桃叶芽萌发后，生理活动日益旺盛，生长发育迅速加快，新陈代谢增强，需要大量的营养物质和能源物质，才能使抽枝展叶、开花结果等生理活动顺利进行。核桃花后要补充花期消耗的大量养分同时满足幼果生长的营养需要，为减少生理落果，提高坐果率提供保证。硬核期（6月），核桃内果皮硬化，核仁发育，同时花芽开始分化，二者都需要大量的磷和钾。若施肥及时，肥量充足，元素协调，则既是当年丰产的保证，又是翌年丰产的基础，非常重要。此外，核桃自采果后至落叶休眠前，还有一段时间的生长发育，此期不但花芽要进一步发育成熟，一年生的枝条也要发育成熟，而且树体为了安全越冬，体内还要储存大量的有机物质。因此，秋季应尽早施入以有机肥为主的基肥，这是来年取得丰收的基础和保证。

总的来说，核桃需肥量大，尤其是需氮量要比其他果树多。氮、磷、钾3种肥料的配施对核桃产量有很大的影响。同时，强调硬核期施用钾肥，以促进核桃果实充分发育。核桃树对微量元素的需要也全面而充分。如缺少或供量不足，就会发生生理障碍而出现缺素症，阻碍正常生长，影响产量和品质。因此，核桃施肥，应掌握施肥量大、元素全面、比例协调、施肥适时、方法得当的原则。

四、施肥及灌水

(一) 肥料的种类和特点

科学合理施肥必须了解肥料的种类和特点。我国目前各地常用的肥料主要包括有机肥和无机肥两大类。

有机肥主要有厩肥、人粪尿、禽畜粪、堆肥和绿肥等。有机肥含有多种营养元素，属于完全肥料，但必须经过腐熟分解后，才能供树体吸收利用，又属迟效性肥料。有机肥能提高土壤有机质含量，改良土壤的水、肥、气、热状况，促进土壤微生物的活动，从而起到培肥土壤、蓄水保肥、持续供应养分的作用。有机肥肥效缓慢，多作基肥施入，用于增加养分的贮备和积累，促进根系生长，增强树体越冬抗性。其中绿肥是一类很好的有机肥，富含多种营养元素，通过种植和施用绿肥可增加土壤中有机酸的含量，提高土壤养分的可给态，改善土壤结构，促进物质循环。

　　无机肥又称化学肥料，根据其所含营养元素的不同可分为氮肥、磷肥、钾肥和复合肥等。氮肥主要有尿素、碳酸氢铵、氯化铵、硫酸铵等；磷肥主要有过磷酸钙、磷矿粉等；钾肥主要有硫酸钾等；复合肥料主要有磷酸二铵、磷酸二氢钾、氮磷钾复合肥等。化学肥料一般所含养分比较单一，但养分含量高，肥效大，见效快，宜少量多次施用。化学肥料易流失挥发或施后易被土壤固定，属速效性肥料，宜在树体需肥稍前时期施入。生产中多用作追肥和叶面喷肥，也可与有机肥混合作基肥施入。如在核桃开花前，追施硝酸铵、尿素等，可以起到保花保果的作用，花后追施氮、磷肥，可以有效地防止生理落果。只含有一种营养元素的单质化肥，在施肥时必须与其他种类的化肥配合施用，才能充分发挥其肥效。

（二）施肥的依据

　　科学施肥的关键在于准确判断土壤中营养元素和树体营养的盈缺状况。施肥的依据包括形态诊断和营养诊断两个方面。

　　形态诊断是依据核桃树的外部形态特征，初

步判断营养元素的丰歉，指导施肥。进行形态诊断要求具有丰富的经验。通常，叶片大而多、叶厚而浓绿、枝条粗壮、芽体饱满、结果均匀、品质优良、丰产稳产者，说明树体营养正常，否则应查明原因，采取措施加以改善。

营养诊断是国外广泛采用的确定和调整果树施肥的方法。营养诊断能及时准确地反应树体的营养状况，分析出各种营养元素的不足或过剩，分辨不同元素引起的相似症状，并能在症状出现前及早测知。因此，以营养诊断为依据进行科学施肥可以保证核桃树体的正常生长和发育。营养诊断包括叶分析和土壤分析，是按照统一规定的标准方法测定叶片中矿质元素的含量，通过与叶分析的标准值进行比较确定该元素的丰歉程度，再依据当地土壤养分状况（即通过土壤分析得到的结果）、肥效指标及矿质元素间的相互作用，科学制定施肥方案及肥料配比，指导施肥。

（三）确定合理的施肥量

核桃园施肥量的确定是以土壤的养分状况和核桃树对养分的需求为依据的。此外，土壤的酸碱度、地形、地势、土壤温湿度、土壤管理等对施肥量及施肥方法均有影响。确定合理的施肥量就是要做到既不过剩又经济有效地利用肥料。要维持树体所需元素间的平衡，应在营养诊断的基础上，确定合理的施肥量。某元素的合理用量＝（生物学产量×植株该养分的平均含量－土壤供应量）÷肥料中养分的利用率。

如果不具备进行营养诊断的条件，也可根据经验值来确定施肥量。我国根据核桃树的生长发育状况及土壤肥力和不同栽培管理水平，提出了早实核桃和晚实核桃的参考施肥量。在中等肥力的土壤上，按树冠垂直投影（或冠幅）面积计算，晚实核桃栽植后1～5年，每平方米每年施用有效成分氮50克，磷和钾各10克；6～10年内，每平方米每年施施氮50克，磷、钾各20克；每平方米年施有机肥（厩肥）5千克。早实核桃结果早、营养消耗大，施肥量应多于同龄晚实核桃，1～10年生，每平方米年施有效成分氮50克，磷、钾各20克，有机肥5千克。如土壤条件较差、树势较弱且产量较高时，应适当增加基肥的用量。肥源不足的地区可广泛种植和利用绿肥。

(四) 施肥时期及方法

根据肥料的性能和施肥时期的不同可分为基肥和追肥两大类。

1. 基肥 以腐熟的有机肥为主，能在较长时期供给核桃多种养分的基础性肥料。基肥一般在秋季施入，在果实采收后至落叶前这段时间内尽早施入。秋季来不及施入的可在春季施入。秋施基肥可促进花芽分化、根系生长，提高树体营养贮藏水平，有利于来年的枝叶生长和开花坐果。秋施基肥越早越好。幼龄核桃园可结合深翻施入基肥，成龄园可采用全园撒施后浅翻土壤的方法施入基肥，施入基肥后灌一次透水。

2. 追肥 是在基肥的基础上，根据树体生长发育需要及时补充的速效性肥料，以速效化肥为主。追肥可供给树体当年生长发育所需的营养，既有利于当年核桃树高产和优质，又为来年的生长、结果打下基础，是生产中不可缺少的环节。高温多雨的地区或沙质土壤，肥料易流失，追肥宜少量多次。幼树追肥次数宜少，一般每年

2~3 次，随着树龄增大和结果量增多，追肥次数增多，成年树一般每年 3~4 次。核桃 3 次主要的追肥时期分别为：

（1）第一次追肥 早实核桃在雌花开花前，晚实核桃在展叶初期进行。以速效性氮肥为主，如尿素、硫酸铵、硝酸铵等。此期追肥可促进开花坐果，利于新梢生长发育。对于进入盛果期的核桃树，一定要在春季萌芽前追施速效性氮肥和磷肥，施肥量应占全年追肥量的 50％以上，否则前期营养不足会阻碍树体生长发育、影响开花坐果。

（2）第二次追肥 早实核桃在雌花开花以后、晚实核桃在展叶末期施入。以氮肥为主，配合适量磷、钾肥。第二次追肥可促进果实发育，减少落果，利于枝条生长和木质化。施肥量应占地全年追肥量的 30％。

（3）第三次追肥 主要是针对进入结果期的核桃，在 6 月下旬果实硬核后进行的一次追肥。以磷、钾肥为主，配施少量氮肥。此期追肥的目的主要是满足种仁发育所需的大量养分，提高坚果品质，同时促进花芽分化，为翌年的开花坐果打好基础。此次追肥量应占到全年追肥量的 20%。

此外，具体施肥时期的确定还受到土壤中的营养和水分状况的影响，对于贫瘠的土壤，春季多次追肥十分重要，而有机质含量高的肥沃土壤上则可减少施肥次数。土壤含水量会影响肥效的发挥，土壤缺水时，施肥常有害无利，因此要根据能否供应水分确定施肥期，缺水地区应在降雨期施肥。

3. 施肥方法 我国目前所采用的核桃施肥方法主要是土壤施肥和叶面喷肥两种。土壤施肥可与土壤翻耕结合进行。为了便于根系的吸收利用，发挥最大肥效，土壤施肥时必须将肥料施入根系的集中分布层。具体方法有以下几种，可根据实际情况选用最适宜的施肥方法。

（1）环状沟施肥 沿树冠在地面投影的外围挖环状沟，沟宽 30～40 厘米，基肥沟深 30～50 厘米，追肥沟深 15～20 厘米；将肥料与表土混合均匀施入沟内，再盖上底土。环状沟应逐年外移。

（2）放射沟施肥 此法是在五年生以上的

核桃园主要采用的施肥方法。一般以树冠在地面的投影为标准，向内占 2/3，向外占 1/3，挖4～8 条放射状沟，沟长 1～2 米，沟宽 30 厘米左右，沟深 25～30 厘米，沟内施肥、覆土、灌水。施肥沟的位置每年要错开。挖沟时应尽量避免伤直径 1 厘米以上的大根。

（3）条状沟施肥　适用于幼树、成年树和密植园，是在核桃树株间或行间的树冠投影的一侧或两侧挖长约为冠径的 2/3 或与冠径相等的沟，沟宽 40～50 厘米，施基肥沟深 40～60 厘米，追肥沟深 15～20 厘米。每年轮换在行间和株间开沟施肥，可结合土壤深翻进行。此法伤根相对较少，但施肥部位存在局限性，可与放射沟施肥轮换使用，扩大施肥面，促进根系吸收。

适用于树冠较大、根系分布较广和行间有间作的核桃园，多用于追肥。以树干为中心，在距树干 1～1.5 米以外的位置，挖若干直径 30～40 厘米、深 25 厘米左右的施肥穴，将肥料施入其中，封土后灌水。此法节约肥料，方法简便。

（4）全园撒施　盛果期核桃园，树体根系已布满全园，施基肥时可将有机肥均匀撒在地面上，然后再翻入土中，深度一般约为 20 厘米。此法简便易行，缺点是施肥部位较浅，容易造成根系上翻。

（5）叶面喷肥 又称根外追肥，是将一定浓度的肥料溶液直接喷洒到叶面上，起到直接或间接供给养分的作用。此法用肥少、肥效快、利用率高，可及时满足核桃树体对养分的需求，同时可避免土壤施肥部分元素会被固定的缺点。叶面喷肥可分别在花期、新梢迅速生长期、花芽分化期及采收后进行，选择晴朗无风的天气，在上午 10 时以前或下午 4 时以后进行田间喷洒。气温过高时会使溶液浓缩而发生叶灼现象。一般叶背的吸肥能力较强，叶面喷肥时应着重喷施叶背。叶面喷肥的种类和浓度为：尿素 0.3%～0.4%，过磷酸钙 0.5%～1%，硫酸钾 0.2%～0.3%（或 1% 的草木灰浸出液），硼酸 0.1%～0.2%，钼酸铵 0.5%～1%，硫酸铜 0.3%～0.4%。河北涉县核桃花期喷布 0.3% 硼加 0.3% 尿素，可提高坐果率 9%～17%。叶面喷肥总的原则是生长前期浓度低，后期浓度高。实际使用时应先进行小规模试验，以避免浓度过高产生药害。应注意的是叶面喷肥仅是一种补充施肥措施，不能替代土壤施肥。如果两种施肥方法结合使用，互为补充，可发挥施肥的最大效果。

（五）灌水

核桃树树体高大，叶片宽阔，蒸腾量较大，需水较多，水分不足会严重影响树体生长发育以及花芽分化和坚果产量。核桃能耐较干燥的空气，而对土壤水分状况却很敏感，土壤过干或过湿都不利于核桃生长发育。土壤干旱有碍根系吸收和枝叶的蒸腾作用，影响生理代谢过程，严重干旱时可造成落果甚至提前落叶。幼树遇前期干旱后期多雨气候易引起徒长，导致越冬后枝条干梢。土壤水分过多通气不良，会使根系生理机能减弱而生长不良，核桃园地下水位应在地表2米以下。在坡地上种植核桃必须修筑梯田等搞好水土保持工程。在易积水的地方必须解决排水问题。

我国年降水量在600～800毫米而且分布均匀的地区，基本上可以满足核桃生长发育的要求。我国南方绝大多数核桃产区的年降水量在

1 000毫米以上，除干旱年份外一般不需要浇水。北方地区年降水量多在 500 毫米左右，而且分布不均匀，多表现为春季干旱少雨，应适时灌水。研究表明，当田间土壤最大持水量低于 60%（土壤绝对含水量低于 8%）时，需要及时灌水。

第十讲
病虫害综合防治

与其他的果树树种相比，核桃的病虫害发生相对较少，但是发生病害或者虫害时，仍会对生产造成一定的影响，如导致树势衰弱，产量下降，果实品质差，严重时可造成树体死亡，甚至整片核桃园的绝收、毁灭，因而核桃生产中也要注意防治病虫害。核桃丰产优质的关键技术有很多项，而其中的重要任务就是及时防治直接影响核桃生长发育的病虫害，以保障核桃的产量和品质。

一、病虫害综合防治策略

病虫害防治的方法多种多样，实际应用时应本着"预防为主，综合防治"的原则，以农业防治为基础，合理使用农药，利用生物防治、物理防治结合化学防治的综合防治措施，经济、安全、有效地控制病虫害，以达到提高核桃产量、保证品质、保护生态环境的目的。

农业防治是病虫害综合防治措施的重点，可以减少农药使用。主要措施有：选择抗病品种；增施有机肥，改良土壤，合理修剪，修剪时剪除虫茧，增强树势；秋末树干涂白，提高树体抗病能力；进行果园翻土、清园，减少病虫源，及时捡拾落果，清除园内杂草、落叶并销毁，耕翻树盘土壤，破坏害虫生存场所并抑制其发育；进行核桃园生草和间作，增加有益微生物，改善园区生态条件。

物理防治对于病害主要是指刮除患病的病斑，对于虫害主要是对害虫进行诱杀、捕杀和阻隔。诱杀是指利用害虫的趋性，人为诱集害虫加以消灭，例如利用黑光灯（紫外光灯）诱杀趋光性害虫。捕杀是指利用人力和简单机械，捕杀有群集性或假死性的害虫，如利用竹竿打枝条击落木橑尺蠖幼虫，在金龟子成虫期进行振落捕杀等。阻隔是指根据害虫的活动习性，人为设置障碍，防止幼虫或某些不善飞行的成虫扩散和迁移。

生物防治主要是利用害虫的天敌和有益的微生物进行病虫害的防治。害虫天敌主要有瓢虫、草蛉、胡蜂、食蚜蝇、寄生蜂和寄生蝇等。杀虫细菌有芽孢杆菌、苏云金杆菌，真菌有白僵菌、绿僵菌，病毒有桑毛虫核多角体病毒、刺蛾病毒等。也可利用施用昆虫激素进行性诱剂诱杀雄性害虫，利用特异性害虫生长抑制剂防治害虫，还可利用养鸡、吸引益鸟等方式进行害虫的生物防治。

化学防治是目前使用较多的防治病虫害的方法，见效快、用途广，但是病虫害可能会产生抗药性，并且会污染土壤和地下水，还易杀伤天敌。因此，出于环境保护和减少病虫抗药性的考虑，应该禁止使用强毒性农药（甚至是剧毒农药），而建议推广应用生物源农药、矿物源农药、植物源农药等防治病虫害。

二、主要病害及其防治

在我国，核桃病害种类主要有 30 多种，其中较为常见和危害较为严重的有核桃炭疽病、核桃细菌性黑斑病、核桃腐烂病、核桃溃疡病、核桃白粉病、核桃枝枯病、核桃褐斑病等。

(一) 核桃炭疽病

1. 发生特点 核桃炭疽病多发生在 6～8 月，各地略有不同。江苏、河南、山东为 6 月下旬至 7 月上旬，河北、辽宁为 8 月。病菌以菌丝、分生孢子在病果、病叶或芽鳞中越冬，翌年产生分生孢子随风雨或昆虫传播，从伤口或自然孔口侵入，发病后产生孢子团随雨水溅射传播，进行多次再侵染。发病早晚、轻重与当年雨水有密切关系，一般雨水多、通风透光不良易发病，如当年雨季早、雨水多，则发病早且重，反之，则发病晚或轻。品种间抗病性不同，新疆的阿克苏、库车丰产薄壳类型核桃易染病，晚熟品种发病轻。

2. 病原及危害症状 为真菌侵染病害，有性态称小丛壳，属子囊菌门真菌。无性态为胶孢炭疽菌，属半知菌类真菌。主要危害核桃果实，在叶片、芽及嫩梢上亦有发生。一般病果率为 20%～40%，发病严重时可高达 90% 以上，使得核桃仁干瘪，产量和品质大为降低。在新疆来源的核桃品种上危害较为严重。

果实上病斑初为褐色，后变黑色，近圆形，中央下陷。病斑上很多褐色至黑色小点突起，有时呈同心轮纹状排列。湿度大时，病斑上小黑点呈粉红色小突起，即病原菌分生孢子盘。一个病果有一至十几个病斑，病斑扩大或连片，可导致全果发黑腐烂。

叶上病斑较少发生，病斑近圆形或不规则形，有的病斑沿叶缘扩展，有的沿主侧脉两侧呈长条状扩展。发病严重时，引起全叶枯黄。湿度大时，病斑上黑色小点呈现粉红色小突起，是病菌分生孢子盘及分生孢子。

3. 防治方法

①冬季清除病果、病叶，集中烧毁或深埋，减少病源，6～7月及时摘除病果。

②栽植时，株行距不宜过密，使通风透光良好。

③药剂防治。发芽前用3～5波美度石硫合剂，开花后喷施1：1：200波尔多液或50%退菌特600～1 000倍液。幼果期为防治关键时期。

（二）核桃细菌性黑斑病

1. 发生特点 该病广泛发生于各核桃产区，部分地区发病重。一般5月中下旬开始侵染。病原细菌在病枝梢的病斑中或病芽里越冬，第二年春季细菌借风雨飞溅传播到叶、果实及嫩枝上危害，病菌可以侵染花器，因此，花粉也能传带病菌，昆虫也是传带病菌的媒介，病菌由气孔、皮孔、蜜腺及各种伤口侵入。在足够的湿度条件下，温度在4～30℃范围内都可侵染叶片，在5～27℃时可侵染果实，潜育期在不同部位也有差异，果实上为5～34天，叶片上为8～18天。

2. 病原及危害症状 由核桃黄橘色杆菌侵染引起，主要危害果实，也能危害叶片、嫩梢和枝条。果实受害后绿色的果皮上产生黑褐色油渍状小斑点，逐步扩大成圆形或不规则形，无明显边缘，严重时病斑凹陷深入，全果变黑腐烂、早落，受害率为30%～70%，严重时可达90%以上，核仁干瘪减重40%～50%，坚果品质下降。

叶片被侵染后，叶正面褐色，背面病斑淡褐色，油状发亮。病斑外围呈半透明黄色晕环，严重时病斑相连成片，导致果实脱落。花序受侵后产生黑褐色水渍状病斑。

病原细菌在病枝或病梢内越冬，第二年春天借风雨、昆虫等传播到果实或叶片，自伤口或自然气孔侵入。病菌也可随花粉传播，常随核桃举肢蛾的发生而发病。夏季多雨或天气潮湿有利于病菌侵染，栽植密度大、树冠郁闭、通风透光不良的果园发病重。

3. 防治方法

①核桃楸较抗黑斑病，可选用其作为砧木。

②清除菌源，结合修剪，剪除病枝梢及病果，并收拾地面落果，集中烧毁，以减少果园中病菌来源。

③药剂防治。发芽前喷 3～5 波美度石硫合剂 1 次，杀灭越冬病菌；生长期喷 1∶0.5∶200（硫酸铜∶石灰∶水）波尔多液，或 50％甲基硫菌灵 500～800 倍液。使用方法：喷雾，雌花开花前、花后及幼果期各 1 次。

（三）核桃腐烂病

1. 发生特点　该病又名黑水病，在河南、山西、山东、四川等地均有发生。病菌以菌丝体或子座及分生孢子器在病部越冬。翌春核桃树液流动后，遇有适宜发病条件，产出分生孢子，分生孢子通过风雨或昆虫传播，从嫁接口、剪锯口、伤口等处侵入，病害发生后逐渐扩展，直到越冬前才停止。生长期内可发生多次侵染。春秋两季为一年的发病高峰期，特别是在 4 月中旬至5 月下旬危害最重。一般在核桃树管理粗放、土层瘠薄、排水不良、肥水不足、树势衰弱或遭受冻害及盐碱害的核桃树易感染此病。每当空气湿度大时，可进行多次侵染危害，直至越冬前停止侵染。

2. 病原及危害症状　该病为真菌性病害，由胡桃壳囊孢所致。受害重的核桃株发病率可达 80% 以上。病树的大枝逐渐枯死，严重时整株死亡。

主要危害枝干树皮，因树龄和感病部位不同，其病害症状也不同，大树主干感病后，病斑初期隐藏在皮层内，俗称"湿囊皮"。有时多个病斑连片成大的斑块，周围聚集大量白色菌丝体，从皮层内溢出黑色粉液。发病后期，病斑可扩展到长达 20～30 厘米。树皮纵裂，沿树皮裂缝流出黑水干后发亮。幼树主干和侧枝受害后，病斑初期近于梭形，呈暗灰色，水渍状，用手指按压病部，流出带泡沫的液体，有酒糟气味。病斑上散生许多黑色小点，即病菌的分生孢子器。当空气湿度大时，从小黑点内涌出橘红色胶质丝状物。病斑沿树干纵横方向发展，后期病斑皮层纵向开裂，流出大量黑水，当病斑环绕树干一周时，导致幼树侧枝或全株枯死。枝条受害主要发生在营养枝或 2～3 年生的侧枝上，感病部位逐渐失去绿色，皮层与木质剥离迅速失水，使整枝干枯，病斑上散生黑色小点的分生孢子器。

3. 防治方法

①刮治病斑。一般在早春进行，也可以在生长期发现病斑随时进行刮治。刮口用 50％甲基硫菌灵可湿性粉剂 50 倍液，或 50％退菌特可湿性粉剂 50 倍液，或 5～10 波美度石硫合剂，或 1％硫酸铜液进行涂抹消毒，然后涂波尔多液保护伤口病疤，最好刮成菱形，刮口应光滑、平整，以利愈合。病疤刮除范围应超出变色坏死组织 1 厘米左右。

②采收后，结合修剪，剪除病虫枝，刮除病皮，收集烧毁，减少病菌侵染源。冬季树干涂白，预防冻害、虫害引起的腐烂病。

(四) 白粉病

1. 发生特点　　白粉病是我国各核桃产区常见重要病害之一，该病严重影响核桃当年产量、品质和翌年树势，危害极大。病菌以闭囊壳在落叶或病梢上越冬。翌春气温上升，遇到雨水，闭囊壳吸水膨胀破裂，散出子囊孢子，随气流传播到幼嫩芽梢及叶上，进行初侵染，7~8月发病。发病后的病斑上多次产生分生孢子进行再侵染。秋季病叶上又产生小粒点即闭囊壳，随落叶越冬。如温暖而干旱，氮肥多，钾肥少，枝条发育不充实时易发病，幼树比大树易受害。

2. 病原及危害症状　　白粉病是一种真菌性病害，引起该病的病原菌有核桃叉丝壳菌和核桃球针壳菌两种。危害叶片、幼芽和新梢，造成早期落叶，甚至苗木死亡。发病初期叶片褪绿或造成黄斑，严重时叶片扭曲皱缩，提早脱落，幼芽萌发而不能展叶，在叶片的正面或反面出现薄片状白粉层，后期在白粉中产生褐色或黑色粒点，或粉层消失只见黑色小粒点，即病菌有性阶段的闭囊壳。幼苗受害时，植株矮小，顶端枯死，甚至全株死亡。

3. 防治方法

①采收后清除病残枝叶，集中烧毁，减少侵染源。

②药剂防治。发病初期可用 0.2～0.3 波美度石硫合剂喷洒。夏季用 50％甲基硫菌灵可湿性粉剂 800～1 000 倍液或 25％粉锈灵 500～800 倍液喷洒，以后者防治效果较好。

（五）核桃褐斑病

1. 发生特点 该病在陕西、河北、吉林、四川、河南、山东等地均有发生，一般5～6月开始发病，7～8月为发病盛期。病菌多借风雨传播，苗木受害后可造成大量枯梢。病菌以菌丝、分生孢子在病叶或病梢上越冬，翌年6月，分生孢子借风雨传播，从叶片侵入，发病后病部又形成分生孢子进行多次再侵染，7～9月进入发病盛期，雨水多、高温高湿条件有利于该病的流行。

2. 病原及危害症状 核桃褐斑病为一种真菌性病害，主要危害果实、叶片及嫩梢，引起初期落叶、枯梢，影响树木生长。果实和叶片上的病斑灰褐色，近圆形或不规则形，果实上的病斑初期为灰黑色，产生白色小点，后期为白色块状物，果实采收时变黑腐烂。嫩梢上病斑黑褐色，长椭圆形，稍凹陷，其上亦生小点。对幼苗危害从顶梢嫩叶开始，并扩散至整株。

3. 防治方法

①结合修剪，清除病枝，拾净枯枝病果，集中烧毁或深埋，消灭越冬病菌，减少侵染病源。

②药剂防治。核桃发芽前，喷 1 次 5 波美度石硫合剂；展叶前喷 1∶0.5∶200（硫酸铜∶生石灰∶水）波尔多液；在 5～6 月发病期，用 50％硫菌灵 1 000～1 500 倍液防治，效果较好。在核桃开花前、开花后、幼果期、果实迅速生长期各喷 1 次波尔多液，可兼治多种病虫害。

三、核桃虫害及其防治

（一）核桃举肢蛾

1. 分布及危害症状 分布于河北、河南、山西、陕西、甘肃、四川、贵州等核桃产区，以幼虫钻入核桃青皮内蛀食果皮和果仁，受害果逐渐变黑、凹陷，早期脱落或干在树上，轻者种仁不能成熟，出现瘪仁、品质降低，严重时可减产70%～80%，影响核桃产量和品质。该虫在多雨的年份比干旱的年份危害严重，深山沟及阴坡比沟口开阔地危害严重。

幼虫蛀入核桃果实后有汁液流出，注入孔呈现水珠，初透明，后变琥珀色，在表皮内纵横穿食危害，虫道内充满虫粪便，受害果果皮变为黑色，并逐渐凹陷、皱缩，形成黑核桃。幼虫在果内可危害 30～45 天，老熟后从果中脱出，落地入土结茧越冬。

2. 形态特征及生活习性 属于鳞翅目，举肢蛾科，俗称核桃黑。

（1）成虫 雌蛾体长 4～8 毫米，翅展13～15 毫米，雄蛾较小，体黑褐色，有光泽。翅狭长，翅缘毛长于翅宽处，前段 1/3 处有椭圆形白斑，2/3 处有月牙形或近三角形白斑。后足特长，休息时向上举，腹背每节都有黑白相间的鳞毛。

（2）卵 初产出时乳白色，孵化前变为红褐色，圆形，长约 0.4 毫米。

（3）幼虫 头褐色，体淡黄色，老熟时体长7～9毫米，每节都有白色刚毛。

（4）蛹 黄褐色，蛹外有褐色茧，纺锤形，长4～7毫米。

该虫的发生与环境条件有密切关系，高海拔地区每年发生1代，低海拔地区每年发生2代。在山东、河北、山西一年1代，在河南和陕西一年发生1～2代。以老熟幼虫在树冠下1～2厘米深的土中越冬，翌年5月中旬至6月中旬化蛹，6月上旬至7月上旬成虫发生。幼虫一般6月中旬开始危害，7月危害最严重。

3. 防治方法

①秋末或早春深翻树盘，采果后至翌年5月中旬翻耕、清园，可消灭部分幼虫。

②及时摘除虫果和捡拾落果，6～8月摘拾黑果，集中销毁。

③药剂防治。产卵盛期树上喷20%速灭杀丁乳油2 000～3 000倍液；6月上旬至7月中旬成虫羽化期选用50%杀螟松1 000～1 500倍液或敌杀死3 000倍液给树冠喷药。

（二）木樏尺蠖

1. 分布及危害症状 分布范围较广，在我国华北、西北、西南和华中等地区有分布。以幼虫食害叶片，对核桃树危害严重，严重发生时，幼虫在 3～5 天内就可以把全树叶片吃光，致使核桃减产，树势衰弱，受害叶片出现半点状透明痕迹或小空洞，幼虫长大后沿叶缘将叶片吃成缺刻，或只留叶柄。

2. 形态特征及生活习性 属鳞翅目，尺蛾科，又称木燎步曲，俗称小大头虫、吊死鬼。

（1）成虫 体长 14～18 毫米，翅展 54～70 毫米，体为棕黄色。翅黄白色，上面散有浅灰色、黑色、棕黄色大小不等的斑点。前后翅胫脉上，各有一个较大的黑灰色斑点。

（2）卵 卵初产为绿色，孵化前变为白色，椭圆形，长 0.7 毫米。卵期均为 11 天，孵化期 2 天。

（3）幼虫 老熟幼虫体长 65～80 毫米。体色变化通常随寄主而异，多为黄绿色、黄褐色。头部红褐色。

（4）蛹 近纺锤形，满身布有点凹，长约 30 毫米。头部两侧各有一个耳状突起。臀部两侧各有 3 个尖硬的峰状突起。

成虫白天静伏于叶枝、草丛上，受惊扰时钻入草丛中或飞走。上午9时至10时半、下午3时至5时活动最盛。日出、日落前后喜于在树冠中、下部及其周围飞行，在潮湿地方、开花植物上吸水取食。

3. 防治方法

①在土壤结冻前或早春解冻后采用人工树下及树干裂缝中刨挖，或结合深翻土地消灭越冬蛹和卵，以减少越冬基数。同时，加强冬季清理，清除受害致死的枝干叶片，并集中烧毁，消灭越冬虫体。

②成虫期由于雌虫无翅，可在树干基部缠塑料环阻止雌虫上树，每天早晨捕杀；利用雄虫的趋光性，于夜晚设置高压电网或频振式杀虫灯诱集灭杀。

③幼虫发生期，可喷洒阿维菌素、灭幼脲、苦参碱等杀虫剂。在幼虫3龄以前喷洒以上药剂或25%西维因300～500倍液，杀虫效果均在80%以上。

(三) 云斑天牛

1. 分布及危害症状 广泛分布在河北、河南、北京、山西、陕西、甘肃和四川等地。主要危害枝干，受害树有的主枝死亡，有的主干因受害而整株死亡，被害部位皮层开裂。幼虫在皮层及木质部钻蛀隧道，从蛀孔排出粪便和木屑，受害树因营养器官被破坏，逐渐干枯死亡。

2. 形态特征及生活习性 属鞘翅目，天牛科，别名核桃大天牛、铁炮虫。

（1）成虫 成虫体长35～65毫米，体底色为灰黑或黑褐色，密被灰绿色或灰白色绒毛。

（2）卵 长约8毫米，淡黄色，长卵圆形。

（3）幼虫 乳白至淡黄色，前胸背有一个"山"字形褐斑，前方近中线处有2个黄色小点，内各生刚毛1根。

（4）蛹 裸蛹，长40～63毫米，初为乳白色，渐变为灰黑色。

该虫发生世代数因地而异，越冬虫态也有不同。一般2年发生1代，跨3个年度。以成虫或幼虫在树干内越冬，4月下旬开始活动，5月为成虫羽化盛期，6月中下旬为产卵盛期。成虫有假死性和趋光性。

3. 防治方法

①人工捕杀。根据天牛咬刻槽产卵的习性，找到产卵槽，用硬物击之杀卵。经常检查树干，发现有新鲜粪屑时，用小刀轻轻挑开皮层，将幼虫处死。

②灯光诱杀成虫。根据天牛具有趋光性，可设置黑光灯诱杀。

③当受害株率较高、虫口密度较大时，可选用内吸性药剂喷施受害树干。

④冬季或产卵前，用石灰 5 千克、硫黄 0.5 千克、食盐 0.25 千克、水 20 千克拌匀后，涂刷树干基部，以防成虫产卵，也可杀幼虫。

（四）草履蚧

1. 分布及危害症状 在我国大部分地区都有分布。若虫早春上树后，群集吸食叶汁液，大龄若虫喜于直径粗 3 厘米左右的二年生枝上刺吸危害，但以幼龄若虫危害影响较大，常导致芽枯萎，不能萌发成梢，致使树势衰弱，甚至枝条枯死，影响产量，被害枝干有一层黑霉，受害越重，黑霉越多。

2. 形态特征及生活习性

（1）**成虫**　雌成虫体长8～10毫米，无翅，扁平，椭圆形，背面灰褐色，腹面黄褐色，触角和足为黑色，第一胸节腹面生丝状口器。雄虫体长4～5毫米，有翅，淡红色。

（2）**若虫**　体形似雌成虫，较小、色深。

（3）**卵**　椭圆形，近孵化时呈黑色，包被于白色绵状卵囊中。

草履蚧一年发生1代，以卵在距树干基部附近5～7厘米深的土中越冬，翌年1月下旬开始孵化，初孵幼虫在卵囊中或其附近活动，一般年份2月上旬天气稍暖即开始出土爬到树上，沿树干成群爬到幼枝嫩芽上吸食汁液，若天气寒冷，傍晚下树钻入土缝等处潜伏，也有的藏于树皮裂缝中，翌日中午前后温度高时再上树活动取食。出蛰期30天左右，低龄若虫危害期15天左右，大龄若虫多在二年生枝上吸食叶液。雄若虫蜕皮2次，4月下旬在树裂缝中分泌白色蜡毛化蛹，5月上旬羽化成虫。雌若虫蜕皮3次变为成虫，交尾后5月中旬开始下树，钻入树干基部附近5～7厘米深的土中产卵，产卵后雌成虫干缩死亡，以卵越夏越冬。

3. 防治方法

①结合秋施基肥、翻树盘等管理措施，收集树干周围土壤中的卵囊集中烧毁；5月中下旬雌成虫下树产卵前，在树干基部周围挖半径100厘米、深15厘米的浅坑，放入树叶、杂草，诱集成虫产卵。

②树干涂粘虫胶。2月初若虫上树前，刮除树干基部粗皮并涂粘虫胶，阻止若虫上树，胶带宽20厘米。粘虫胶可用废机油、柴油或蓖麻油1.0千克加热后放入0.5千克松香粉熬制而成。

③保护利用其天敌黑缘红瓢虫。

④药剂防治：1月下旬对树干周围表土喷洒机油乳剂150倍液，杀死初孵若虫；2月上旬至3月中旬若虫期，每隔10天喷1次药，连喷3次，消灭树上若虫。效果较好的药剂有速纷克、触杀蚧螨等。

（五）根象甲

1. 分布及危害症状　主要分布于四川、甘肃、云南、陕西、河南等地。在坡底沟洼和土质肥沃的地方和生长旺盛的核桃树上危害较重。幼虫刚开始危害时，根颈皮层不开裂，开裂后虫粪和树液流出。根颈部有大豆粒大小的成虫羽化孔，受害严重时，皮层内多数虫道相连，充满黑褐色粪粒及木屑，受害树体皮层纵裂，并流出褐色汁液，破坏树体疏导组织，阻碍水分和养分的正常运输，使得树势衰弱，核桃减产，甚至导致树体死亡。

2. 形态特征及生活习性

（1）成虫　体长 12～16 毫米，头管约占体长的 1/3，黑色，前端着生膝状触角，前胸背板密布不规则斑点，鞘翅基部着生棕黄色绒毛，腿节端部膨大，胫节顶端有钩状齿，跗节底面有黄褐色绒毛，顶端有一对爪。

（2）若虫　头部棕褐色，口器黑褐色，长 15～20 毫米，黄白色，向腹部弯曲。

（3）卵　初产出时乳白色，孵化前为黄褐色，长 1.4～2 毫米，椭圆形。

（4）蛹　裸蛹，长 14～17 毫米，黄白色，末端有两根黑褐色臀刺。

该虫在陕西、河南、四川等地区两年发生 1 代。幼虫危害期长，每年 3～11 月蛀食核桃树，

12 月到翌年 2 月为越冬期，90％的幼虫集中在表土下 5～20 厘米，侧根距主干 140～200 厘米除也有危害，蛹期平均 17 天左右，以幼虫和成虫在根皮层内越冬。

3. 防治方法

（1）根颈部涂石灰浆 成虫产卵前将根颈部土壤扒开，然后在根颈部涂石灰浆后进行封土，阻止成虫在根颈上产卵。

（2）刮除根颈处粗皮 冬季挖开根颈处泥土，刮去根颈的粗皮，在根部灌入人粪尿，然后封土，杀虫效果可达 70％～100％。

（3）化学防治 6～8 月成虫发生期，在树上喷施 50％乐斯本乳油 2 000 倍液。

（4）生物防治 注意保护其天敌白僵菌和寄生蝇等。

（六）核桃小吉丁虫

1. 分布及危害症状 在河南、河北、山东、山西、陕西、甘肃、四川、云南等地均有分布。以幼虫在 2～3 年生枝条皮层中呈螺旋形窜食危害，在韧皮部和木质部之间取食，被害处膨大成瘤状，树皮变黑褐色，隧道螺旋形，蛀道上每隔一段距离有一新月形通气孔，并有少许黑色液体流出，干后呈白色物质附在裂口上。受害严重的枝条，叶片枯黄早落，翌年春天枝条大部分枯死，幼树生长衰弱，严重者全株枯死。

2. 形态特征及生活习性 属鞘翅目，吉丁虫科昆虫。

（1）成虫 黑色，长 4～7 毫米，有铜绿色金属光泽。触角锯齿状，复眼黑色。前胸背板中部稍隆起，头、前胸背板、鞘翅上密布小刻点，鞘翅中部两侧向内陷。

（2）卵 扁椭圆形，长约 1.1 毫米，初产白色，1 天后变为黑色。

（3）幼虫 体长 7～20 毫米，扁平，乳白色。头棕褐色，缩于第一胸节内。胸部第一节扁平宽大。背中央有一褐色纵线，腹末有一对褐色尾刺。

（4）蛹 为裸蛹，乳白色，羽化前黑色。

每年发生 1 代，北方地区越冬幼虫 4 月中旬开始化蛹，6 月为盛期，化蛹期持续 2 月余。蛹期平均 30 天左右，6 月上中旬开始羽化出成虫，

7 月为盛期。成虫羽化后在蛹室停留 15 天左右，后从羽化孔钻出，经 10～15 天取食核桃叶片补充营养，再交尾产卵。成虫喜光，卵多散产于树冠外围和生长衰弱的 2～3 年生枝条向光面的叶痕上及其附近，卵期约 10 天。7 月上中旬开始出现幼虫。8 月下旬后，幼虫开始蛀入枝条，后在被害枝条木质部越冬。

3. 防治方法 4～5 月核桃发芽后至成虫羽化前及采果至落叶前，剪除虫害枝烧毁，消灭幼虫及蛹。6～7 月成虫羽化期，喷 10％多来宝悬浮剂 3 000 倍液进行防治。

（七）核桃缀叶螟

1. 分布及危害症状 核桃缀叶螟为食叶害虫，分布在华北、西北和中南等地区。幼虫咬食核桃叶片，严重发生时可以吃光全树叶片。

2. 形态特征及生活习性 属鳞翅目，螟蛾科，又名木黏虫、缀叶丛螟。

（1）成虫 体长 14～20 毫米，翅展 35～50 毫米，全体黄褐色。前翅色深，外缘翅、后翅灰褐色，越接近外缘颜色越深。

（2）卵 球形，密集排列成鱼鳞状。

（3）**幼虫** 老熟幼虫体长 20～30 毫米，头部黑色，有光泽，前胸背板黑色，前缘有 6 个黄白色斑，背中线宽，杏黄色，体侧各节有黄白色斑，腹部腹面黄褐色，有少量短毛。

（4）**蛹** 长约 16 毫米，深褐色至黑色。

（5）**茧** 深褐色，扁椭圆形，长约 20 毫米，宽约 10 毫米。

每年发生 1 代，成虫发生期为 6 月下旬至 8 月上旬。卵产于叶面，在 7 月上旬孵化，7 月末至 8 月初为危害盛期。幼虫群居，在叶面上吐丝结网，把叶片缀在一起卷成筒形，幼虫在其中危害，并把粪便排在里面，随虫体增大最后成团状。幼虫在 4 龄后，分散危害。幼虫在夜间取食，活动，转移，白天静伏于被害叶内，并于 8、9 月间以老熟幼虫入土越冬。

3. 防治方法

（1）**人工捕杀** 利用幼虫危害叶片时呈群居状态的特点，可以摘除虫苞，集中烧毁，杀灭虫体。

（2）**挖虫茧** 虫茧一般集中在树根旁边松软的土壤里，可在秋季封冻前或春季解冻后，挖除虫茧，集中烧毁。

（3）化学防治　7月中下旬，在幼虫危害的初期，喷洒 25% 功夫乳油 1 000 倍液，或 40% 毒死蜱乳油 800～1 000 倍液。

第十一讲
核桃果实的采收与加工

一、采收

(一) 采收期的确定

核桃的适时采收非常重要。采收过早，青皮不易剥离，核仁不饱满，出仁率低，加工时出油率也降低，而且不耐贮藏；采收过晚，果实易脱落，同时青皮开裂后停留在树上的时间过长，会增加受霉菌感染的机会，导致坚果品质下降，特别是一些纸皮类型的品种，就更会受到影响，导致食用价值降低。因此，适时采收是获得丰产丰收、保证核仁质量的重要环节，一定要适时采收。

核桃果实的成熟期，因品种和气候条件不同而异。早熟品种与晚熟品种成熟期可相差 10～25 天。一般来说，北方地区的成熟期多在 9 月

上旬至中旬，南方则相对早些。同一品种在不同
地区的成熟期有差异，同一地区的成熟期也有不
同，平原地区较山区成熟期早，低海拔地区成熟
期早于高海拔地区，阳坡较阴坡成熟早，干旱年
份比多雨年份成熟早。

当核桃青皮变为黄绿色或浅黄色，茸毛变
少，部分果实顶部出现裂缝，青皮易剥离，少量
成熟种子已自然脱落，中果皮已完全骨质化，此
时为核桃果实的最佳采收期。目前，生产中采收
多数偏早，应予以纠正。

（二）采收方法

核桃的采收方法主要有两种，一种是人工采
收法，另一种是机械振动采收法。我国的劳动力
资源相对便宜，以人工采收为主，而欧美发达国
家在核桃采收方面已用机械化代替人工劳动，大
大提高了采收效率，节省了采收时间。机械振动
采收就是用机械振动树干，将果实晃落到地面后
收集。此种采收方法具有省时省力、高效率、低
成本的特点。

机械采收的机具包括振动落果机、清扫集条
机和捡拾清选机，其作业程序是先用振动落果机

使核桃振落到地面，再由清扫集条机将地面的核桃集中成条带状，最后由捡拾清选机捡拾并简单清选后装箱。由于同一株核桃树上的果实成熟期不完全一致，因此，采用机械采收时，必须在采收前的 10～20 天，对树体喷洒 500～2 000 毫克/千克的乙烯利进行催熟，使果实成熟一致。此法的优点是青皮容易剥落，果面污染轻；但其缺点是用乙烯利催熟，往往会造成叶片脱落而影响树势。

二、采后处理

（一）脱青皮与漂洗处理

1. 脱青皮处理 据测定，刚采收后的核桃青皮含水量为 40%～45%，核仁的含水量为 20%～25%，如此高的水分含量很容易使核桃采收后腐烂变质。因此，核桃采收后应该及时地进行脱除青皮处理。一般的脱除核桃青皮的方法有药剂脱皮法及机械脱皮法等。

（1）药剂脱皮法 由于堆沤脱皮法存在脱皮时间长、工作效率低、果实污染率高等缺点，因此，自 20 世纪 70 年代以来，人们开始研究利用乙烯利催熟脱皮技术，并取得了成功。其具体做法是：核桃采收后，在乙烯利溶液中浸蘸约半分钟，再按 50 厘米左右的厚度堆放于阴凉处或室内，在温度为 30℃、相对湿度为 $80\% \sim 95\%$ 的条件下，经过 5 天左右，离皮率可高达 95% 以上。若果堆上加盖一层厚约 10 厘米的干草，2 天左右即可离皮。据测定，此法的一级果率比堆沤法高 52%，核仁变质率下降到 1.3%，且果面洁净美观。乙烯利催熟时间的长短与用药浓度的大小和果实成熟度有关，果实成熟度高，则用药浓度低，催熟时间短。

（2）机械脱皮法 依据揉搓原理，将带青皮的核桃放在转动磨盘与硬钢丝刷之间进行磨损与揉搓，使得核桃青皮与坚果分离，若核桃青皮水分含量少，核仁皱缩，加之揉搓力大，则很容易在脱青皮时损伤核仁。因此，用机械脱皮法脱除核桃青皮时，必须在采收后的 $1 \sim 2$ 天内脱除。

2. 漂洗处理 核桃脱去青皮后，通过清洗可去除坚果上的泥土、残留的烂皮和枝叶。清洗的方法有人工清洗与机械清洗。人工清洗的方法是将脱皮的坚果装筐，把筐放入水池中或流动的水里，用竹扫帚搅洗。在水池中洗涤时，应及时更换清水，每次洗涤 5 分钟左右，洗涤时间不宜过长，以免脏水渗入壳内污染核仁。如不需漂白，即可将洗好的坚果摊放在芦席上晾晒。采用机械清洗，其工效是人工清洗的 3～4 倍，成品率也会提高 10％左右。

为了使成品核桃外观品质光滑洁净漂亮，往往将核桃洗涤后进行漂白。其具体做法是：在陶瓷缸内（禁用铁木制容器），先把漂白精（含次氯酸钠 80％）0.5 千克加温水溶解开，滤去残渣，然后在陶瓷缸对清水 30～40 升配成漂白液，再将洗好的坚果放入漂白液中，用木棍搅拌 8～10 分钟，当核桃坚果壳面变为白色时，立即捞出并用清水冲洗两次，晾晒。只要漂白液不浑浊，就可连续使用，使用过的漂白液再加 0.25千克的漂白粉即可继续漂洗，每次可漂洗核桃坚果 40 千克。

（二）晾晒与干制处理

1. 自然晾晒干制 核桃坚果清洗后，不能在阳光下曝晒，以免果壳破裂，核仁变质。洗好的坚果应先在竹箔或高粱秸箔上阴干半天，待大部分水分蒸发后再摊放在芦席或竹箔上晾晒。摊放厚度不应超过两层果，过厚则容易发热，使核仁变质，也不易干燥。晾晒时要经常翻动，以免核仁背光面变为黄色，注意避免雨淋和夜间受潮。一般经5～7天即可晾干。判断干燥的标准：坚果碰敲声清脆，横隔膜易于用手搓碎，核仁皮色由乳白色变为浅黄褐色。如晾晒过度，核仁会出油而降低坚果品质。

2. 人工干制处理　与自然晾晒干制比较，人工干制具有良好的加热装置及保温设备、通风设备和较好的卫生条件。尽管人工干制的成本较高，操作技术比较复杂，但无论是晾晒干制的条件，还是干制的坚果质量，它都优于自然晾晒干制，代表了核桃干制的方向。

目前，我国的人工干燥设备按烘干时的热作用方式，一般分为对流式干燥设备、热辐射式干燥设备和感应式干燥设备3种类型。此外，还有间歇式烘干室与连续式通道烘干室及低温干燥室和高温烘干室之分。所用载热体有热水、蒸汽、电能、烟道气等。间歇式烘干室普遍采用蒸汽、电能加热，连续式通道烘干室则多采用红外线加热。电磁感应式干燥目前尚未广泛应用。

（三）核桃的分级和包装

1. 坚果分级标准和包装 晾晒干制后的核桃坚果要进行分级，因为核桃坚果质量的优劣深受生产者、经营者、消费者和外贸部门的关注，不同坚果的品质具有不同的价格。核桃坚果质量等级分为特级、一级、二级、三级4个等级，每个等级均要求坚果充分成熟，壳面洁净，缝合线紧密，无露仁、虫蛀、出油、霉变、异味，无杂质，未含有有害化学物。

（1）特级核桃 果形大小均匀，形状一致，外壳自然黄白色，果仁饱满、色黄白、涩味淡；坚果横径不低于 30 毫米，平均单果重不低于 12.0 克，出仁率达到 53%，空壳果率不超过 1%，破损果率不超 0.1%，含水率不高于 8%，无黑斑果，易取整仁；粗脂肪含量不低于 65%，蛋白质量达到 14%。

（2）一级核桃 果形基本一致，出仁率达到 48%，空壳果率不超过 2%，黑斑果率不超过

0.1％，其他指标与特级果指标相同。

（3）二级核桃 果形基本一致，外壳自然黄白色，果仁较饱满、色黄白、涩味淡；坚果横径不低于30毫米，平均单果重不低于10克，出仁率达到43％，空壳果率不超过2％，破损果率不超过0.2％，含水率不高于8％，黑斑果率不超过0.2％，易取半仁；粗脂肪含量不低于60％，蛋白质含量达到12％。

（4）三级核桃 无果形要求，外壳自然黄白色或黄褐色，果仁较饱满、色黄白色或浅琥珀色、稍涩；坚果横径不低于26毫米，平均单果重不低于8克，出仁率达到38％，空壳果率不超过3％，破损果率不超过0.3％，含水率不高于8％，黑斑果率不超过0.3％，易取1/4仁；粗脂肪含量不低于60％，蛋白质含量达到10％。

分级后的核桃坚果，要用干燥、结实、清洁和卫生的麻袋包装，每袋装45千克左右，包口用针线缝严，在包装袋的左上角标明批号，果壳薄于1毫米的核桃可用纸箱包装。在运输过程中，应防止雨淋、污染和剧烈的碰撞。

2. 核仁分级标准和包装

（1）取仁方法 核桃取仁的方法有人工取仁和机械取仁两种。我国多采用人工砸取的方法。核桃仁分干砸、湿砸两种。所谓干砸，就是将核桃充分风干降低水分（一般在 5% 以下）后，开始砸仁，这种核桃仁，碴干色白，俗称"阳碴"，干脆且有光泽为佳品，深受国外客户欢迎；所谓"湿砸"就是未等核桃水分降低而砸仁。湿砸核桃仁，碴口发暗，带有类似泛油现象，不脆，灰暗无光泽，俗称"阴碴"。这种核桃仁较易变质。但由于贮存等方面原因，碴口有出油现象的干砸仁不属此例。砸仁时应注意将缝合线与地面平行放置，用力要均匀，勿猛击和多次连击，尽可能获得整仁。为了减轻坚果砸开后核仁受污染，砸仁之前一定要清理好场地，保持场地的卫生，不能直接在地上砸，坚果砸破后先装入干净的篓子中或堆放在塑料布上，砸完后再剥出核仁。剥仁时最好戴上干净手套，将剥出的核仁直接放入干净的容器或塑料袋内，然后再分级包装。机械破壳取仁通常采用压核机压碎壳取仁，效率远高于手工破壳。以澳大利亚为例，其机械取仁是包括坚果分级、导向、挤压破壳、壳仁分离、核仁分级包装等在内的流水线生产作业系统，大大提高了核桃仁的等级和效益。

（2）核仁分级标准与包装 根据核桃仁的颜色和完整程度，将核桃仁分为8个等级，行业术语将"级"称为"路"。

白头路：1/2仁，淡黄色；

白二路：1/4仁，淡黄色；

白三路：1/8仁，淡黄色；

浅头路：1/2仁，浅琥珀色；

浅二路：1/4仁，浅琥珀色；

浅三路：1/8仁，浅琥珀色；

混四路：碎仁，核仁色浅且均匀；

深三路：碎仁，核仁深色。

在核桃仁分级时，除注意核仁大小和颜色外，还要求核仁干燥、肥厚、饱满、无虫蛀、无发霉变质、无异味、无杂质。不同等级的核桃仁，出口价格不同，白头路最高，浅头路次之，但完全符合上述两种类型的核仁并不多。我国大量出口的核仁产品为白二路、白三路、浅二路和浅三路 4 个等级，混四路和深三路类型的核仁均作内销与加工用。

核桃仁的包装一般用纸箱或木箱。用作包装核桃仁木箱的木材不能有异味，一般每箱核仁净重 20～25 千克，包装时应采取防潮措施，在箱底和四周衬垫玻璃纸等防潮材料，装箱后立即密封、捆牢，并注明重量、等级和地址等。

（四）贮藏技术

与水果相比，核桃仁的生理代谢和成分变化相对比较稳定，这就使核桃有着相对较长的贮藏期，但在核桃不立即出售或加工的情况下，就必须为核桃提供一个适宜的贮藏条件，并采用合理的贮藏方法，以保证核桃仁的质量。

1. 贮藏条件 核桃贮藏期的长短与贮藏效果的好坏，由自身条件和外界条件两个方面决定。自身条件包括核桃品种特性、坚果的破损度、核仁含水量等。一般纸皮核桃最不耐贮藏，厚壳核桃最耐贮。破损度越高，贮藏期越短，完整无缺的核桃贮藏期最长。相比之下，核仁含水量是更为重要的决定因素，一般长期贮藏的核桃要求含水量不超过 7%。外界条件主要有：

（1）贮藏环境的温度 低温环境是核桃进行长期贮藏的首选条件。研究表明，核桃坚果及核仁的贮藏时间随温度的降低而延长。有研究表明，核桃仁在 10℃，保质期可达 1 年，其物理、化学、感官等品质指标均在规定范围内。其他研究者推荐核桃最佳贮藏温度为 0～2℃。另有研究显示：核桃坚果封入聚乙烯袋中，在冷冻条件下可保存良好品质 2 年以上。

（2）贮藏环境的相对湿度 环境相对湿度的控制对核桃仁是否能保持核仁的颜色、香气和质地有着很重要的意义，一般控制相对湿度在 50％～60％为宜，若相对湿度小于 40％，核仁会失水干瘪，降低坚果品质；如果贮藏环境的相对湿度达到 70％或超过 70％以上时，就会有大量的霉菌产生，核仁的含水量也会升高，势必影响贮藏效果。

（3）贮藏环境的气体成分 与其他果品贮藏相似，核桃的贮藏也需要低氧高二氧化碳的环境。核桃的脂肪含量很高，要特别注意氧气的含量。一般来说，其贮藏环境的氧气含量应低于

1.5%，二氧化碳或氮气浓度达到 70%以上，在这样的环境中，可抑制呼吸，减少消耗，防止氧化，同时能抑制霉菌活动，防止霉烂，并能有效降低虫害、鼠害。

（4）贮藏期间的管理 在核桃贮藏期间，要定期观察监测，及时去除坏果和烂果。在贮藏期间，最容易出现的是霉烂、虫害和发生氧化（哈喇味）。核桃在贮藏期间发生霉烂的主要原因是致病菌侵染所致，这些致病菌有些是在果园田间侵入核桃果实，然后潜伏危害，而大部分是在采后的处理过程中受到侵染。核桃仁芳香味美，富含蛋白质和脂肪，容易招引昆虫的危害。发生氧化（哈喇味）的原因是核桃仁中含有较多的脂肪，脂肪在温度高、水分多及氧气充足时容易发生氧化变质而产生哈喇味。在贮藏中，应注意防止和处理上述现象。

2. 贮藏方法

（1）普通贮藏 分干藏和湿藏两种方法。在贮藏前应确定核桃坚果已被完全晒干，干藏时将核桃装入布袋或麻袋、篓内，放在通风、冷凉干燥的地方即可。为以防万一，将其悬挂保存也可。在贮藏期间，要定期检查翻动，防止鼠害、霉烂及发热。

（2）低温贮藏 需要长期保存的核桃就必须有低温的贮藏环境，对于贮藏量小的，可将坚果封入聚乙烯袋中，然后放在 $0 \sim 5℃$ 的冰箱保存。有条件的地方，大量贮藏可用麻袋包装，贮存于低温气调冷库（温度 $-1℃$、相对湿度 $50\% \sim 60\%$、氧气浓度在 1% 以下）中，效果更好。

（3）塑料薄膜帐贮藏 其原理类似于气调库贮藏。将适时采收并处理后的核桃装袋后堆成垛，贮放在低温场所，用塑料薄膜大帐罩起来，把二氧化碳气体充入帐内（充氮也可），以降低氧气浓度。贮藏初期二氧化碳的含量可达到 50% 以上，以后保持 20% 左右，氧气在 1.5% 左右，使用塑料帐密封贮藏应在温度低、干燥季节进行，以便保持帐内低湿度。研究证实，在 $24℃$ 充二氧化碳条件下贮藏 4 周后，其色泽、风味与在空气中贮藏有明显的不同，在 25 周后仍然有较好的质量，而在空气中贮藏就出现返油变质现象。

三、加工及利用

(一)营养价值、功效与作用

1. 营养价值 核桃仁营养丰富,含有丰富的蛋白质、脂肪、矿物质和维生素。据测定,每100克核桃仁中含蛋白质15.4克,脂肪63克,碳水化合物10.7克,钙108毫克,磷329毫克,铁3.2毫克,硫胺素0.32毫克,核黄素0.11毫克,烟酸1.0毫克。脂肪中含亚油酸多,营养价值较高。

研究发现,每100克核桃肉中含有20.97个单位的抗氧化物质,比柑橘高出20倍,菠菜的抗氧化成分为0.98个单位,胡萝卜为0.04个单位,番茄为0.31个单位。科学家们认为,食用核桃可使人体免受很多疾病的侵害。至今,人们已知道经常吃核桃可以减少血液中胆固醇的含量,并减少患心血管疾病的可能性。

2. 功效作用 核桃仁的食用价值和药用价值很高。核桃中所含脂肪的主要成分是亚油酸甘油脂，食后不但不会使胆固醇升高，还能减少肠道对胆固醇的吸收，因此，可作为高血压、动脉硬化患者的滋补品。核桃中所含的微量元素锌和锰对脑垂体有益，常食有益于脑的营养补充，有健脑作用。

核桃不仅是很好的健脑食物，又是神经衰弱的治疗剂。患有头晕、失眠、心悸、健忘、食欲不振、腰膝酸软、全身无力等症状的老年人，每天早晚各吃 1～2 个核桃仁，可起到滋补保健的作用。

核桃仁含有亚麻油酸及钙、磷、铁，是人体理想的肌肤美容剂，经常食用有润肌肤、乌须发及防脱发的功效。核桃仁是药食同源的食物，还具有顺气补血、止咳化痰、润肺补肾等功效。当感到疲劳时，嚼些核桃仁，有缓解疲劳和压力的作用。

（二）常见加工技术

核桃常见的加工产品包括罐藏类食品、糖制品、炒货制品、果汁及饮料、核桃油、核桃酒等。以下介绍几种常见产品的加工技术要点（以介绍工艺流程为主，反供参考。材料实际用量根据需要准备）：

1. 糖水核桃罐头

(1) 原（材）料准备 核桃仁、1%氢氧化钠溶液、1%盐酸、0.5%明矾、0.03%焦亚硫酸钠、0.9%乙二胺四乙酸钠盐、糖液。

(2) 工艺流程 原料验收→水煮→破壳取核桃仁→去黑衣→漂洗→预煮→冷却→糖液配制→装罐→注糖液→密封→杀菌→冷却→检验→成品。

(3) 操作要点

①原料处理。按要求剔除虫蛀、病害等不合格核桃。将合格品用相当于其 1.5～2 倍的水煮 3～5 分钟，然后取核桃仁，尽量保持完整。

②去黑衣。将核桃仁置于 90℃ 的 1%氢氧化钠溶液中 5～8 分钟，捞出后置于清水中搓去黑衣，漂洗后用 1%盐酸中和，再漂洗 2～3 次，然后浸于清水中漂洗 1 小时，中间换水 2～3 次。

③预煮、冷却。预煮水为核桃仁的 2～3 倍，以淹没核桃仁为度，在水中加入 0.5%明矾、0.03%焦亚硫酸钠和 0.9%乙二胺四乙酸钠盐，煮沸 25～30 分钟，待核桃仁煮透呈透明状为止。置于流动水中冷却 1～1.5 小时即可。

④糖液配制。糖液中含 20% 白砂糖、0.06%脂肪酸蔗糖酯、0.02%乙二胺四乙酸钠盐、0.1%柠檬酸和 0.5%氯化钙。

⑤装罐、注糖液。一般使用 500 克玻璃瓶，核桃仁装量为 275～300 克，糖液加至瓶颈。

⑥密封、杀菌。采用抽真空密封，真空度为 40 千帕，沸水杀菌 40 分钟，然后分段冷却至 40℃。

2. 核桃酥糖

（1）原料准备　核桃仁 80 克、白砂糖 1 000 克、大豆 190 克、饴糖 400 克、玉米 230 克、植物油 50 克、维生素 A 2.5 毫克、柠檬酸 0.5 克、维生素 C 500 毫克、水适量。

（2）工艺流程　原料选择→去皮→混合→粉碎→加糖→掺粉→切分→造型→包装。

（3）操作要点

①原料选择。应选择粒大、饱满、无霉变、无病虫的大豆、核桃仁和玉米。

②粉碎、强化。将处理好的大豆、核桃仁、玉米混合粉碎，添加维生素 A 和维生素 C 混匀，放入 40～50℃的烘箱内备用（备用粉）。

③加糖。加入熬制好的糖。熬糖时应先将水

加入不锈钢锅中加热，然后放入白砂糖，融化后加入饴糖，沸腾后过滤，继续熬煮，加入植物油并不断搅拌，变黏后加入柠檬酸，最后糖浆升温至160℃即可。

④掺粉、切分、造型。熬好的糖倒在刷油板上压平，表面用40～50℃的备用粉撒匀，而后折叠压平再撒粉，重复操作直至糖成薄纸状而不断裂为止。此操作应在最短时间内完成。将做好的糖切成大小合适的块并拧成麻花，凉后包装。

3. 香酥核桃仁

（1）主要原料准备 去皮核桃仁、淀粉、全脂奶粉、白砂糖、蜂蜜、糖浆、蛋白糖、β-环糊精、香兰素、D-异抗坏血酸钠、碳酸氢钠、柠檬酸、苹果酸。

（2）工艺流程 香酥糖浆制备工艺流程：淀粉、水→糊化→热浆（甜味剂、酸味剂、D-异抗坏血酸钠、全脂奶粉）→冷却→调配（碳酸氢钠、β-环糊精、香兰素）→香酥糖浆。

成品制作主要工艺流程：去皮核桃仁→上糖衣→烘制→冷却→整理→装袋→封口→检验→装箱→入库。

（3）操作要点

①核桃原料的选择。要求无杂质、无污染、无异味，壳面干净卫生，个大，壳薄，大小整齐，出仁率40％以上。

②去壳。一般人工去壳，尽量减少核桃仁破碎。

③核桃仁选择。去除碎仁、虫仁、霉变仁等不合格仁，剔除杂质。

④去皮。用0.4％的硬脂酸钠和0.2％氢氧化钠溶液，在95～100℃下去皮10分钟，然后用0.1％柠檬酸中和。其中，溶液与核桃仁之比为（3～4）∶1。中和前先用水冷却，漂洗去残皮、残碱。

⑤护色。以0.1％柠檬酸、0.15％氯化锌和0.1％抗坏血酸钠组成的溶液与核桃仁之比为（1.5～2）∶1，浸渍20分钟。

⑥脱水。采用离心式脱水，2 000转/分钟，脱水15分钟，使含水量≤20％。

⑦淀粉加水糊化。将10倍于淀粉重量的水先煮沸，然后将淀粉用冷水皂浆，在搅拌下加入沸水中糊化，再加入奶粉、甜味剂（糖、蜂蜜）、

酸（苹果酸、柠檬酸）及D-异抗坏血酸钠，不断搅拌，以防局部烧焦，待淀粉熟后及时冷却至50℃。

⑧上糖衣。按去皮核桃仁：香酥糖浆为2：（3～4）的比例，搅拌均匀，温度可从50℃升到80℃，处理1小时后，过滤出多余的浆液，可重复使用。

⑨烘制。将上好糖衣的核桃仁均匀铺在物料干燥盘上，进入烘箱，再110℃下烘至含水量≤7％，即可冷却。

⑩冷却、整理。在温度低于20℃、湿度低于70％的环境下进行冷却，以防止吸潮。冷至室温后，用10～20目的振动筛过筛，筛上部分成品即可包装，筛下部分为颗粒状糖浆，可加入到香酥糖浆中重复利用。

⑪装袋。采用130毫米×170毫米的铝箔复合袋，避免杂物进入袋内。

⑫封口。采用真空充气包装机封口，先抽走袋内空气。充入氮气，可使产品保存1年以上，若采用非充气包装，也可保存8个月不变色、不变味。封口后及时检查袋口是否封严。

⑬装箱、入库。每箱装入 50 袋，封口不严密、不牢固的袋子不能装入。入库贮藏温度低于20℃。

4. 核桃汁

（1）原（材）料准备 核桃仁、白砂糖、蔗糖酯、食品消泡剂、羧甲基纤维素钠、柠檬酸钠、碳酸氢钠。

（2）工艺流程 核桃仁→挑选去杂→浸泡→磨浆、渣浆分离→配料、调制→均质、脱气→灌装→封罐→杀菌→检验→成品。

（3）操作要点

①浸泡。将核桃仁用 0.5% 碳酸氢钠浸泡，除去其种皮色素，并用清水冲洗干净。一般夏季 1～2 个小时，冬季 3～4 个小时。

②磨浆、分离。将浸泡好的核桃仁加清水，用胶体磨磨浆，先用 100 目筛粗滤，再用 200 目筛精滤。磨浆时用水量以核桃仁的 10 倍为宜。

③配料、调制。将白砂糖溶解过滤后倾入浆液中，蔗糖酯、食品消泡剂、羧甲基纤维素钠用温水溶解后加入，搅拌均匀，加热至 85℃，加入柠檬酸钠并将 pH 调节至 6.4～6.8。

④均质、脱气。混合液调制后，泵入高压均质机，进行均质处理，同时开启脱气机，控制真空度不小于 0.08 兆帕，进行脱气处理。

⑤灌装、杀菌、检验。利用灌装线热灌装，温度 60～65℃，封罐。杀菌在 118℃下进行。对成品进行感官及常规检验，剔除不合格者。

以上介绍的是核桃常见的加工形式，除此以外，核桃在我国用于菜点也有很长的历史，大部分是核桃产区的家庭简易制作的传统吃法，如焦酥核桃、咖喱核桃、雪衣核桃、核桃羹、核桃酪、猪肉炖核桃或做成饺子馅等。当然也有进入菜谱中的，如北京的名菜桃仁鸡丁，上海风味的核桃鸡、核桃豆腐，吉林风味的番茄核桃鸡卷，陕西风味的核桃烩口蘑等。还有引自外国的，如西餐中的核桃鱼等。无论作主料还是辅料，核桃都以其独特的风味和丰富的营养价值，备受人们的青睐。

第十二讲
鲜 食 核 桃

　　鲜食核桃就是带着新鲜的青皮进行销售的核桃。鲜食核桃无须去青皮和风干过程，极大程度地保持了核桃原有的营养成分，而且果仁洁白，口感清香略带甘甜，脆嫩清爽，深受人们的喜爱，逐渐成为核桃市场的热销品类。

一、鲜食核桃品种

　　核桃鲜食最大的优点是减少核桃中的主要营养成分劣变和损失，口感较好。虽然现有核桃品种中许多鲜果仁口感良好的品种都可用于鲜食，但是由于核桃鲜果含水量高，呼吸消耗大、油脂氧化酸败突出，而且易发芽，表面霉烂，难以拓展市场。针对这些缺点，人们开始选择和培育保鲜期长，适于长途运输，而且口感优良的鲜食核桃品种。在育种家的努力下，一些适于鲜食的核桃品种被选育出来。这里对国内已经审定，且适于鲜食的核桃品种做一个简单的介绍。

（一）中核4号

中核4号由中国农业科学院郑州果树研究所选育。来源于新疆阿克苏地区温宿县的核桃优良株系13-8，2014年通过河南省林木品种审定委员会审定，定名为中核4号。

中核4号果实近圆形，壳厚0.30毫米，整果仁取出容易。核仁均重7.6克，出仁率高达92.1%。核仁饱满，香而不涩，鲜食味美，品质优良。早期丰产力强。苗木定植后第四年平均株结果302个，单产为2 850千克/公顷，平均单株产量为2.3千克。在河南省济源市3月下旬萌芽，8月20日左右成熟。树姿开张，雄花花量大，短果枝结果为主，大小年结果现象不明显。抗逆性强，对黑斑病和冬季冻害具有较强的抗性。

中核4号适应性强，河北、河南、山东、陕西、安徽等地区均可栽培。阳坡或半阳坡的中下部，坡度 10°以下的缓坡地，或阳光充足且通风、地下水位 2 米以下、排水良好的平地都适宜建园。株行距为 2 米×4 米的种植密度最为适宜。中核 4 号是雌先型，应将雄先型品种作授粉树，授粉树可以选用绿波、辽宁 1 号和香玲，配置比例为（4～8）：1。树形可以采用主干疏层形和自由纺锤形。

（二）豫香

豫香由河南农业大学选育。来源于早实类核桃偶然实生苗的优良株系，母本是山东沂南地区调入的品种名称不确定苗木。据综合性状推测，豫香为品种中林的实生后代。2014 年 12 月通过河南省林木品种审定委员会的审定，定名为豫香核桃。豫香是干、鲜果兼用型品种。

豫香果实品质优秀。它果实大且近圆形，壳面光滑，果面浅色，壳厚 0.95～1.05 毫米，缝合线宽且平。果仁取出容易，果仁均重 8.2 克，出仁率为 58.4%，脂肪含量为 61.68%，蛋白质含量为 21.63%。果仁充实且为淡黄白色，纹理色浅，口感好，品质极佳。豫香耐寒性较强，在年平均气温均低于 15℃的河南洛阳伊川县、济源市和三门峡市卢氏县均可以正常越冬生长且开花结实。萌芽期比香玲等品种晚 3~5 天，成熟期比香玲早 5~7 天。豫香以中、短果枝结果为主，成枝力较强。有孤雌生殖特性，因此结果力强，没有大小年结果现象。此外，它的平均亩产和单株产量都比香玲高。苗木定植后第五年平均亩产为 252.7 千克，平均单株产量为 5.33 千克。

豫香对土质和地形要求不高，适应性强。土壤最佳 pH 为 6.5~7.5。阳坡或半阳坡中下部，坡度 10°以下的缓坡地，或阳光充足且通风、地下水位 2 米以下、排水良好的平地都适宜建园。种植密度为：株行距（4~5）米×（5~6）米。河滩地及山坡地可适度密植，平地、肥沃地带最好稀植。豫香核桃属于雄先型，应将雌先型品种作为授粉树，配置比例为 8:1。树形可以采用主干疏层形和自由纺锤形。

（三）绿香

绿香由山东省林业科学研究院选育。它来源于新疆早实核桃实生后代的优良株系 H02-41-1，2019 年通过山东省林业局组织的科学技术成果鉴定，定名为绿香。

绿香果实倒卵圆形，壳厚1.2毫米，整果仁取出容易。核仁均重8.6克。青果核仁脂肪含量为62.69%，蛋白质含量为17.27%。核仁饱满微露，内种皮乳白色，味清香，鲜食味美，品质优良。绿香早实丰产，苗木定植后第五年青果单产为21 594千克/公顷，平均青果重54.53克，青皮中厚。在山东泰安地区4月初萌芽，8月下旬成熟，比新疆早实核桃花期晚5～7天，果实成熟早7～10天。树姿直立，树势强。抗寒、抗病能力较强。

绿香适合于我国北方地区栽培。平原地、山地、丘陵都适宜建园。种植密度为株行距（4～5）米×（5～6）米。河滩地及山坡地可适度密植，平地、肥沃地带最好稀植。授粉树可以选用元丰、辽宁1号和香玲。树形可以采用主干疏层形。

这3个鲜食核桃品种有两个来源于新疆。新疆本地也有一些适于鲜食的核桃品种。例如，南疆主栽品种温185和新新2也是很优秀的干、鲜果兼用型品种。

二、鲜食核桃采后生理特点

核桃仁中富含维生素、蛋白质、矿物元素以及脂肪，具有很高的营养价值。核桃能降低血液中胆固醇含量，降低避免心脏病的发生概率，具有很好的保健价值。但是贮藏和风干过程会产生一系列生理生化变化，降低核桃的营养和保健价值。核桃鲜食能减少核桃中主要营养成分的劣变和损失，改善口感。核桃采摘后，能影响核桃品质的生理生化变化主要有以下几个方面。

(一) 营养成分动态变化

核桃采摘后一直会有呼吸作用，为正常的生命活动提供能量，这会消耗核桃的营养成分。当核桃贮藏的有机物消耗到一定的程度，就会导致核桃仁品质的显著下降。部分品种青皮核桃果实在贮藏过程中有明显的呼吸高峰，呈现出典型的呼吸跃变型的特征。另有部分品种的果实青皮在贮藏过程中，呼吸活动的整体上呈下降趋势，直至平稳，呈现出典型的非呼吸跃变型的特征。干制核桃的呼吸活动一直保持平稳。但是新鲜核桃采摘初期呼吸强度远大于干制核桃。

核桃仁中优质脂肪、蛋白质、碳水化合物和维生素等多种营养成分含量很高。贮藏期间核桃仁的总糖含量整体均呈下降的趋势。核桃仁中的富含 α-维生素 E、γ-维生素 E 和 δ-维生素 E，其中以 γ-维生素 E 的含量最高。贮藏过程中，其含量大体呈现降低趋势。核桃仁中的蛋白质含量，贮藏期间一直呈上升趋势。因此，核桃越新鲜，营养成分含量就越高。

(二) 鲜食核桃油脂的酸败

核桃仁中的脂肪含量很高（>65%），这其中不饱和脂肪酸含量超过 90%，主要为油酸、亚油酸、亚麻酸和花生四烯酸。不饱和脂肪酸能降低人体血清中的胆固醇，防止动脉粥样硬化，防止血栓形成，具有良好的保健效果。

在采后贮藏期间，核桃仁中的脂肪会发生氧化酸败。氧化酸败指的是脂肪在脂肪酶的作用下分解成甘油和游离脂肪酸，游离脂肪酸进一步水解生成酸，逐渐产生一种令人不愉快的气味和苦味，甚至会出现酸臭味，从而造成所谓脂肪酸败。

核桃采摘后脂肪酶活性会升高，温度越高，氧气含量越大，脂肪酶活性升高越大。核桃贮藏方式对脂肪酶活性会升高也有影响，封闭条件能阻碍脂肪酶活性的升高。此外，核桃的水分含量也能影响脂肪酶的活性。

酸价是油脂中游离脂肪酸数量的指标，反应油脂的酸败程度。新鲜油脂的酸价很小，随着贮藏期的延长和油脂的酸败，酸价随之增加。过氧化值、碘价也是衡量核桃果仁发生氧化酸败的重要指标。研究表明，鲜食核桃在贮藏过程中，酸价、过氧化值会显著升高，碘价会显著降低，这些指标的动态变化显示核桃的油脂在贮藏过程中会发生劣变。

综上所述，鲜食核桃的油脂质量与贮藏条件和贮藏时间关系密切，缩短贮藏时间，优化贮藏条件，减少油脂酸败，核桃的保健效果更好。

（三）抗氧化物质与抗氧化酶活性

核桃中含有丰富的抗氧化物质。多酚类物质

主要集中于种皮。青皮核桃总酚和黄酮的含量在贮藏前期含量较低，随后含量迅速增加，贮藏15天后出现峰值，随后开始不断下降。

核桃青皮中还含有多种抗氧化酶。如超氧化物歧化酶（SOD）、过氧化物酶（POD）、过氧化氢酶（CAT）。这些抗氧化酶的活性与植物抗性和衰老有关。鲜食核桃在贮藏中，SOD活性呈先增大然后减小的趋势。贮藏到第30天时，SOD出现一个峰值。而CAT活性和POD活性呈逐渐降低的趋势，但是贮藏3～6个月后也会出现一个峰值。鲜食核桃冷藏期间，提高SOD活性，延缓丙二醛（MDA）的积累，抑制POD、脂氧合酶（LOX）活性，能减缓细胞膜脂氧化作用，维持核桃品质。

（四）内源激素的变化

生长素（IAA）、脱落酸（ABA）、乙烯、赤霉素（GA）和细胞分裂素（CTK）等内源激素在果实成熟过程中起了重要作用。鲜食核桃的青皮和核仁均含有这些激素，但是含量有较大差异。核仁中CTK含量较青皮高，其余内源激素均较青皮低。核仁中的ABA含量随着果实的成熟逐渐升高，其余内源激素含量均会下降。果实成熟后，乙烯释放量明显升高，采后果实的乙烯释放更为迅速。

三、鲜食核桃的采收和贮藏

（一）采收

鲜食核桃含水量较高，采收不易过晚，可参照干核桃采收标准或者稍微提前采收。核桃成熟的标志是核桃青皮由深绿色、绿色逐渐变为黄绿色或浅黄色。这时青皮容易剥离，部分青皮开裂，坚果内部的内隔膜刚刚变为棕色。这时也是为核桃仁的成熟期。

（二）鲜食核桃采后常见问题

1. 果实失水、褐变和软化 果实采后会逐渐失水。室内常温条件下，脱皮湿核桃6天就可以达到干燥程度。这对鲜食核桃的品质不利。鲜食核桃的青皮像保护层一样，能显著减缓失水速度，保持鲜果的品质。因此，避免果实外皮破损，是降低失水速率的有效方法。此外，保留果柄也有利于减少失水。低温密封贮藏可以降低鲜食核桃的呼吸速率,从而降低失水速率。青果 5℃ 低温密封贮藏可以保存 40 天以上。

鲜食核桃的青皮在核桃的成熟过程中会软化,褐变。主要是因为乙烯能催熟果实,使细胞壁之间的连接松弛,从而变软。青皮中的酚类物质氧化后产生棕褐色的醌类物质,从而使果实褐变。核桃青皮在采收后乙烯释放量会显著增加,从而加速果实软化。同时核桃果皮含有大量的多酚类物质,因此核桃青皮极易发生褐变。用 3 毫升/升的 1-甲基环丙烯(1-MCP)处理鲜果,并用聚乙烯袋包装能有效地减少鲜食核桃果皮的软化、褐变。

2. 微生物病害 鲜食核桃表面富含各类微生物。常见的致病微生物有胶孢炭疽菌、扩展青霉和黄单胞杆菌。这些病原菌极易导致鲜食核桃腐烂霉变。霉菌则是鲜食核桃表面主要的微生物,其中扩展青霉是导致鲜食核桃腐烂的优势病原菌。胶孢炭疽菌是核桃炭疽病的病原菌。降水量与核桃炭疽病发病的早晚和轻重有直接关系,因为胶孢炭疽菌在湿度大时极易繁殖蔓延。黄单胞杆菌是核桃黑斑病的病原菌。目前没有十分有效地防治核桃黑斑病的措施。

有研究发现，鲜食核桃的贮藏前期，用壳聚糖或解淀粉芽孢杆菌进行预处理，用真空聚乙烯塑料袋密封包装，并贮藏于 4 ℃，相对湿度 70% ～ 80% 的条件下，能有效抑菌，抑制呼吸，保持水分，保持鲜食核桃的品质。

(三) 鲜食核桃的贮藏形式

核桃采收后仍然具有生物活性，贮藏过程中需要进行呼吸作用和物质代谢，使营养物质降解损失。此外，鲜食核桃水分、蛋白质、脂肪含量都较高，很容易产生腐烂和发芽。因此，良好的贮藏保鲜条件是提高鲜食核桃商品价值的重要因素。鲜食核桃有 3 种常用贮藏形式。

1. 青果贮藏 采摘的青果清洗和杀菌后直接贮藏。青果采摘时间不宜过晚，顶部裂开青果的容易霉烂，不适于青果贮藏。

2. 坚果贮藏 摘的青果经机械去皮或化学去皮后再贮藏。化学去皮通常用乙烯利催熟，再采用堆沤去皮。乙烯利可在采前喷洒，也可以在采后喷洒。最近有一种去皮新技术，即核桃冻融去皮法。这种技术先将核桃青皮冷冻，然后解冻融化，青皮自然脱落。冻融去皮法具有快速、环保、可连续作业等优点，能避免了鲜食核桃水分和营养成分的流失，非常适用于鲜食核桃的去皮。

3. 核仁贮藏 采摘的青果取出核仁再贮藏的方式。鲜食核桃的外壳含有一定水分，韧性比干制核桃大。因此，鲜食核桃取核仁很困难。鲜食核桃仁主要以冻藏和冷藏为主，也可以真空包装或者充入惰性气体之后再冷藏。

由于技术不成熟，核仁贮藏条件较复杂，故青果贮藏和坚果贮藏也就成了鲜食核桃的主要贮藏方法。青果贮藏的技术要点是果实青皮不能腐烂、发黑、流水。要做到这一点，防止果实青皮破损是关键。坚果贮藏时，坚果不能失水、霉变或发芽故而坚果表面的干燥和灭菌处理是核心问题。

（四）鲜食核桃的贮藏方法

鲜食核桃通常采用气调包装加低温冷藏的方法。气调包装能提高二氧化碳浓度，降低氧气浓度，抑制果实的呼吸作用。气调包装能降低脱落酸（ABA）的含量，维持较高的赤霉素（GA）与玉米素核苷含量，阻止冷藏期核桃品质的显著下降。

多项研究表明用真空聚乙烯塑料袋包装鲜食核桃坚果，保鲜效果较佳。贮藏过程中核桃仁酸价、过氧化值较低，丙二醛（MDA）的积累较少，过氧化物活性较高。核桃仁色香味也保存较好。自封铝箔袋及普通自封袋包装鲜食核桃表现较差。

低温也能降低核桃呼吸速率，有效地抑制果实的呼吸作用。真空聚乙烯塑料袋包装的青果在 (1.0 ± 0.5)℃，相对湿度 90%～95% 条件下，贮藏 120～150 天，仍能可较好地保持核桃的营养品质。

γ 射线辐照能延长鲜食核桃的贮藏期。有研究发现，用聚乙烯塑料袋密封，常温贮藏的鲜食核桃经 γ 射线辐照处理后，核桃不能发芽。处理后鲜食核桃的脂肪、可溶性蛋白质及游离氨基酸含量的下降速度及其呼吸代谢强度明显降低，过氧化物酶（POD）活性上升，脂氧合酶（LOX）、脂肪酶（LPS）、超氧化物歧化酶（SOD）和过氧化氢酶（CAT）的活性则受到抑制。这表明 γ 射线能有效地抑制鲜食核桃的萌芽，延长鲜果贮藏期。

本书中涉及的农药和肥料使用方法和剂量仅供参考，请按供应商的使用说明书使用。

参考文献

段红喜，张志华，2004. 我国核桃生产概况、问题及发展途径 [J]．果农之友，（1）：4-5.

高绍棠，杨吉安，1989. 洛南和扶风核桃优良品种特性与品质的分析研究 [J]．西北林学院学报，4（2）：39-44.

耿阳阳，徐俐，等，2013. 不同品种鲜食核桃冷藏期间品质及生理变化 [J]．食品科技，38（3）：49-54.

郭向华，李保国，等，2007. 核桃叶片早衰与叶片矿质元素含量的关系 [J]．林业科学，43（2）：111-114.

韩华柏，何方，2004. 我国核桃育种的回顾和展望[J]．经济林研究，3：45-50.

侯立群，2008. 中国核桃产业发展报告（1949-2007）[M]．北京：中国林业出版社.

侯立群，赵登超，等，2010. 鲜食核桃新品种'绿香'[J]．园艺学报，37（7）：1193-1194.

李好先，曹尚银，等，2015. 鲜食核桃新品种'中核4

号'[J]. 园艺学报，42（8）：1619-1620.

裴东，鲁新政，2011. 中国核桃种质资源 [M]. 北京：中国林业出版社.

齐国辉，李保国，等，2008. 早实核桃新品种的生物学特性 [J]. 经济林研究，26（2）：39-43.

王根宪，2009. 秦巴山区早实核桃良种栽培中存在的问题及应对措施 [J]. 陕西农业科学，（1）：102-103，130.

王红霞，张志华，玄立春，2007. 我国核桃种质资源及育种研究进展 [J]. 河北林果研究，22（4）：387-392.

吴国良，刘群龙，等，2009. 国内外核桃种质资源研究进展 [J]. 果树学报，26（4）：539-545.

吴国良，等，2010. 核桃无公害高效生产技术 [M]. 北京：中国农业出版社.

吴国良，等，2012. 图解核桃整形修剪 [M]. 北京：中国农业出版社.

吴国良，任成忠，等，2015. 早实核桃新品种'豫香'[J]. 园艺学报，42（S2）：2853-2854.

郗荣庭，张毅萍，1992. 中国核桃 [M]. 北京：中国林业出版社.

郗荣庭，刘孟军，2005. 中国干果 [M]. 北京：中国林业出版社.

图书在版编目（CIP）数据

核桃高效生产技术十二讲/吴国良等编著 .—北京：中国农业出版社，2020.5
（听专家田间讲课）
ISBN 978 - 7 - 109 - 23060 - 6

Ⅰ.①核… Ⅱ.①吴… Ⅲ.①核桃-果树园艺 Ⅳ.①S664.1

中国版本图书馆 CIP 数据核字(2017)第 137219 号

中国农业出版社出版
地址：北京市朝阳区麦子店街 18 号楼
邮编：100125
责任编辑：黄　宇
版式设计：王　晨　　责任校对：沙凯霖
印刷：中农印务有限公司
版次：2020 年 5 月第 1 版
印次：2020 年 5 月北京第 1 次印刷
发行：新华书店北京发行所
开本：787mm×960mm　1/32
印张：7
字数：100 千字
定价：24.00 元
